■ 李长江 主编

JIANZHU
JIEGOU SHITU YU GOUZAO
YOUWEN BIDA

建筑结构识图与构造

有问必答

化学工业出版社

·北京·

内 容 提 要

本书遵循认知规律,将工程实践与理论基础紧密结合,以现行规范为指导,通过大量的实例列举,循序渐进地介绍了建筑施工图识读的基础知识及识图的思路、方法、流程和技巧。本书从内容上可分为两大部分:一部分为建筑结构识图,即识图的基础知识,该部分内容侧重于无基础的初学者,详细介绍了制图基础、投影基础、图例及图样表达方式;另一部分是建筑构造知识,即与实践相结合,对各类建筑构件的构造做法通过举例进行讲解,该部分内容属于能力提升范畴,可以使读者接触大量工程实例,以便快速提高识图能力,并对结构构件构造做法有个全面的了解。

本书可作为建筑工程技术人员、管理人员的参考用书,也可以作为高等院校土建类各专业、工程管理专业以及其他相关专业师生的参考教材。

图书在版编目(CIP)数据

建筑结构识图与构造有问必答/李长江主编 . —北京:化学工业出版社,2016.10

ISBN 978-7-122-27824-1

Ⅰ.①建… Ⅱ.①李… Ⅲ.①建筑结构-建筑制图-识图-问题解答②建筑构造-问题解答 Ⅳ.①TU204-44②TU22-44

中国版本图书馆 CIP 数据核字(2016)第 187409 号

责任编辑:彭明兰　　　　　　　　　　　　装帧设计:刘丽华

出版发行:化学工业出版社(北京市东城区青年湖南街 13 号　邮政编码 100011)
印　　装:大厂聚鑫印刷有限责任公司
787 mm×1092 mm　1/16　印张14½　字数350千字　2017 年 1 月北京第 1 版第 1 次印刷

购书咨询:010-64518888(传真:010-64519686)　　售后服务:010-64518899
网　　址:http://www.cip.com.cn
凡购买本书,如有缺损质量问题,本社销售中心负责调换。

定　　价:49.00元

前　言

随着我国综合国力的不断增强，作为经济建设的重要保障，建设工程的经济地位日益突出，建筑行业的从业人员也在不断增加，提高从业人员的基本素质便成为当务之急。施工图识读是建筑工程设计、施工的基础，而学习制图基础知识、投影基础知识、建筑基本构造是施工图识读过程中的必备基础知识，也是参加工程建设的从业人员素质提高的重要环节，在技术交底以及整个施工过程中，应科学准确地理解施工图的内容，并合理运用建筑材料及施工手段，提高建筑业的技术水平，促进建筑业的健康发展。施工图是建筑工程施工的依据之一，从业人员应该正确恰当地理解施工图内容，但由于建筑行业新技术、新材料、新方法的不断涌现，建筑形态千姿百态，施工方法变化万千，所以，在施工图识读方面对从业人员的要求也越来越高。为此，我们精心编写了本书，目的就是让从业人员能够快速提高自己的技术水平，培养从业人员具备按照国家标准，能正确阅读、理解、绘制建筑施工图的基本能力，能够理论联系实际地运用到实际工作中去。

本书遵循认知规律，将工程实践与理论基础紧密结合，以现行规范为指导，通过大量的实例列举，循序渐进地介绍了建筑施工图识读的基础知识及识图的思路、方法、流程和技巧。本书从内容上可分为两大部分：一部分为建筑结构识图，即识图的基础知识，该部分内容侧重于无基础的初学者，详细介绍了制图基础、投影基础、图例及图样表达方式；另一部分是建筑构造知识，即与实践相结合，对各类建筑构件的构造做法通过举例进行讲解，该部分内容属于能力提升范畴，可以使读者接触大量工程实例，以便快速提高识图能力，并对结构构件构造做法有个全面的了解。

本书由李长江主编，参加编写的人员有：王玉静、张跃、许春霞、李佳滢、刘梦然、刘海明、朱思光、江超、梁燕。

本书在编写过程中，参考了大量的文献资料，吸收了该学科最新的研究成果，特别是援引、借鉴、改编了大量的案例和训练素材，为了行文方便，对于所引成果及材料未能在书中一一注明，笔者在此对于本书在编写中有过帮助的方家大作，表示致敬和感谢！

由于编者的水平有限，疏漏之处在所难免，恳请广大同仁及读者不吝赐教。

编　者
2016 年 8 月

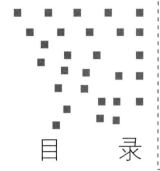

目　录

第一部分　建筑结构识图

第一部分　建筑结构识图

第一章　房屋施工图概述

一、房屋与施工图简述

1. 房屋的基本构造有哪些？

构成房屋的主要构配件有基础、内（外）墙、柱、梁、楼板、地面、屋顶、楼梯、门、窗以及阳台、压顶、踢脚板、勒脚、雨篷、女儿墙、明沟或散水、楼梯梁、楼梯平台、过梁、圈梁、构造柱等，如图 1-1 所示。

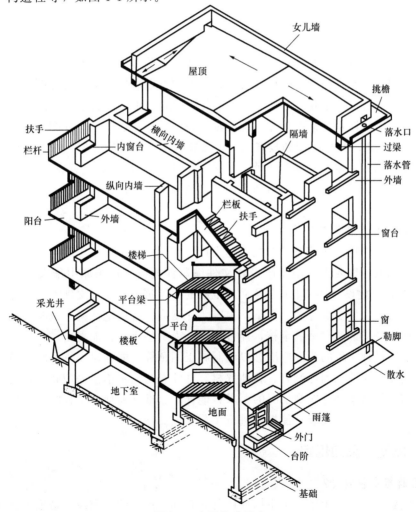

图 1-1　房屋构造示意

2. 施工图由几部分组成?

施工图是按照正投影原理和建筑工程施工图的规定画法,把一栋房屋的全貌及各个细微局部完整地表达出来然后用于指导施工的图纸。

它是将建筑物的平面布置、外形轮廓、尺寸大小、结构构造和材料做法等内容,按照国家标准的规定,用正投影方法详细准确地画出的图样。

它是由设计单位根据设计任务书的要求、有关的设计资料、计算数据和建筑艺术等多方面因素设计绘制而成的。

它是用于组织、指导建筑施工,进行经济核算、工程监理,完成整个建筑建造的一套图样。它不仅表示建筑物在规划用地范围内的总体布局,还清楚地表达出建筑物本身的外部造型、内部布置、细部构造和施工要求等。

一套完整的施工图一般包含以下内容。

(1) 图纸目录 列出所绘的图纸、所选用的标准图纸或重复利用的图纸等的编号及名称。

(2) 设计总说明书 包括施工图设计依据、工程设计规模和建筑面积、本项目的相对标高与绝对标高的定位、建筑材料及装修标准说明等。

(3) 建筑施工图 (简称建施) 建筑施工图主要表达建筑物的外部形状、内部布置、装饰构造、施工要求等,包括总平面图、各层平面图、立面图、剖面图以及墙身、楼梯、门、窗等构造详图。

(4) 结构施工图 (简称结施) 结构施工图主要表达承重结构的构件类型、布置情况及构造做法等,包括基础平面图、基础详图、结构布置图及各构件的结构详图。

(5) 电气施工图 (简称电施) 一般包括各层动力、照明、弱电平面图;动力、照明系统图;弱电系统图;防雷平面图、非标准的配电盘、配电箱、配电柜详图和设计说明等。

(6) 设备施工图 (简称水施和暖施) 设备施工图一般包括各层上水、消防、下水、热水、空调等平面图;上水、消防、下水、热水、空调等各系统的透视图或各种管道立管详图;厕所、盥洗室、卫生间等局部房间平面详图或局部做法详图;主要设备或管件统计表和设计说明等。

3. 施工图有什么作用?

(1) 施工图的作用 建筑施工图是表达设计思想、指导工程施工的重要技术文件。

(2) 施工图的深度要求 施工图设计文件编制深度应该按照原中华人民共和国建设部1992年3月2日 (建设 [1992] 102号文) 批准的《建筑工程设计文件编制深度的规定》有关部分执行。设计文件要求齐全、完整,内容、深度应符合规定,文字说明、图纸要准确清晰,整个设计文件应经过严格的审核,经各级设计人员签字后方能提出。

要求施工图设计文件的深度应能据以编制施工图预算;能据以安排材料、设备订货和非标准设备的制作,应注意因地制宜、就地取材,并注意与施工单位密切联系,使施工图符合材料供应及施工技术条件等客观情况的要求;能详尽、准确地标出工程的全部尺寸、用料与做法,并据以进行施工和安装;能据以进行工程验收。

二、房屋施工图的规定

1. 什么叫做定位轴线?

定位轴线就是确定房屋主要承重构件位置与它标注尺寸的基准线,是施工放线和设备安装的主要依据。

在房屋建筑图中，凡墙、柱、梁、屋架等承重构件，都要画出定位轴线并且对轴线进行编号，以确定它的位置。对分隔墙、次要构件等非承重构件，可以用附加轴线表示它的位置，也可以仅注明它们与附近轴线的相关尺寸以确定它的位置。定位轴线的编号表示方法如图 1-2 所示。

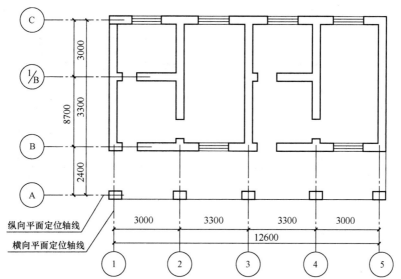

图 1-2　定位轴线的编号表示方法

2. 怎样绘制定位轴线？

①定位轴线应用细单点长划线绘制。

②除较复杂需采用分区编号或圆形、折线形外，平面图上定位轴线的编号，宜标注在图样的下方或左侧。横向编号应用阿拉伯数字，从左至右顺序编写；竖向编号应用大写拉丁字母，从下至上顺序编写。定位轴线编号顺序如图 1-3 所示。

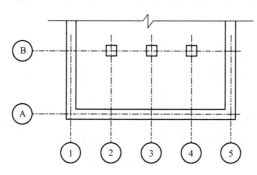

图 1-3　定位轴线编号顺序

③定位轴线应编号，编号应注写在轴线端部的圆内。圆应用细实线绘制，直径为 8～10mm。定位轴线圆的圆心应在定位轴线的延长线上或延长线的折线上。

④组合比较复杂的平面图中定位轴线也可采用分区编号（图 1-4）。编号的注写形式应为"分区号-该分区编号"。"分区号-该分区编号"采用阿拉伯数字或大写拉丁字母表示。

⑤拉丁字母作为轴线编号时，应全部采用大写字母，不应用同一个字母的大小写来区分

轴线号。拉丁字母的 I、O、Z 不能用作轴线编号，当字母数量不够使用时，可以增用双字母或单字母加数字注脚。

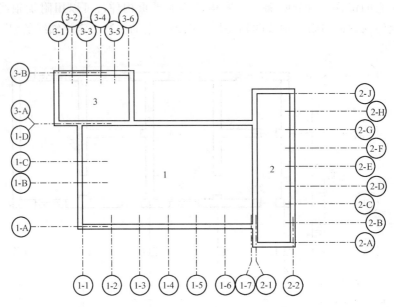

图 1-4　定位轴线分区编号

⑥一个详图适用于几根轴线时，应同时注明各有关轴线的编号（图 1-5）。

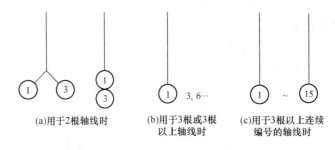

(a)用于2根轴线时　　(b)用于3根或3根　　(c)用于3根以上连续
　　　　　　　　　　　以上轴线时　　　　编号的轴线时

图 1-5　详图轴线编号

⑦附加定位轴线的编号，应以分数形式表示，并应符合下列规定。

a.1 号轴线或 A 号轴线之前的附加轴线的分母应以 01 或 0A 表示。

b. 两根轴线的附加轴线，应以分母表示前一轴线的编号，分子表示附加轴线的编号。编号宜用阿拉伯数字顺序编写。

⑧圆形与弧形平面图中的定位轴线，其径向轴线应以角度进行定位，其编号宜用阿拉伯数字表示，从左下角或 −90°（若径向轴线很密，角度间隔很小时）开始，按逆时针顺序编写；其环向轴线宜用大写阿拉伯字母表示，从外向内顺序编写（图 1-6、图 1-7）。

⑨通用详图中的定位轴线，应只画圆，不注写轴线编号。

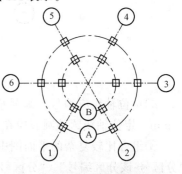

图 1-6　圆形平面定位轴线编号

⑩折线形平面图中定位轴线的编号可按图 1-8 的形式编写。

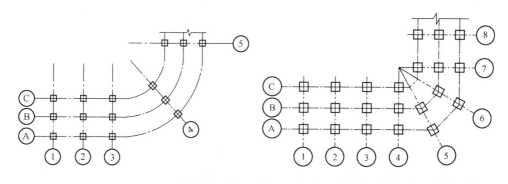

图 1-7 弧形平面定位轴线编号　　图 1-8 折线形平面定位轴线编号

3. 什么是索引符号？

为方便施工时查阅图纸，将施工图中无法表达清楚的某一部位或某一构件用较大的比例放大画出，这种放大后的图就称为详图。详图的位置、编号、所在的图纸编号等，常常用索引符号注明。

（1）索引符号的表示　索引符号由直径为 10mm 的圆和其水平直径组成，圆及其水平直径均应以细实线绘制。引出线对准圆心，圆内过圆心画一水平线。

（2）索引符号的编号　索引符号的圆中，上半圆中用阿拉伯数字注明该详图的编号，下半圆中用阿拉伯数字注明该详图所在图纸的图纸号，如图 1-9（a）所示。如详图与被索引的图纸在同一张图纸内，则在下半圆中画一水平细实线，如图 1-9（b）所示。当索引的详图用标准图，应在索引符号水平直径的延长线上加注该标准图册的编号，如图 1-9（c）所示。

（3）剖切详图的索引　当索引符号用于索引剖面详图时，应该在被剖切的部位绘制剖切位置线，引出线所在的一侧表示剖切后的投影方向，如图 1-10（a）、（b）、（c）所示分别表示向下、向上和向左投射。

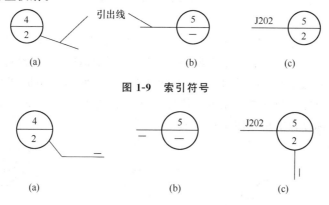

（a）　　　　　　　　（b）　　　　　　　　（c）

图 1-9 索引符号

（a）　　　　　　　　（b）　　　　　　　　（c）

图 1-10 用于索引剖面详图的索引符号

4. 怎样表示详图符号？

（1）详图符号的绘制　表示详图的索引图纸和编号，是用直径为 14mm 的粗实线圆绘制。

（2）详图符号的表示　详图与被索引的图纸同在一张图纸内时，应在符号内用阿拉伯数字注明详图编号，如图 1-11（a）所示；如不在同一张图纸内时，可用细实线在符号内画一条水平直径，在上半圆中注明详图编号，在下半圆中注明被索引图纸号，如图 1-11（b）所示，也可不注被索引图纸的图纸号。

(a) 表示方法一　　　　　　　(b) 表示方法二

图 1-11　详图符号

5. 建筑物各部分的竖向高度，常用什么来表示？如何分类？

建筑物各部分的竖向高度，常用标高来表示。

标高按基准面的选定情况分为相对标高和绝对标高。相对标高是指标高的基准面根据工程需要，自行选定而引出的标高。一般取首层室内地面±0.000 作为相对标高的基准面。绝对标高是根据我国的相关规定，凡以青岛的黄海平均海平面作为标高基准面而引出的标高，称为绝对标高，如图 1-12 所示。

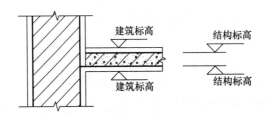

图 1-12　建筑标高与结构标高

6. 标注的时候如何表示标高的数值？

标高符号用细实线绘制，短横线是需标注高度的界线，长横线之上或之下注出标高数字。

总平面图上的标高符号，宜用涂黑的三角形表示，如图 1-13（a）所示。

标高数值以米为单位，一般注至小数点后 3 位数。如标高数字前没有符号的，则表示该处完成位置的竖向高度在零点位置以上，如图 1-13（b）所示；如标高数字前有"一"号的，表示该处完成位置的竖向高度在零点位置以下，如图 1-13（c）所示；如同一位置表示几个不同标高时，标高数字可按图 1-13（d）所示。

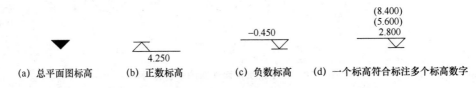

(a) 总平面图标高　　(b) 正数标高　　　(c) 负数标高　　(d) 一个标高符合标注多个标高数字

图 1-13　标高时的注写

7. 在施工图中具体内容无法标注时，经常用什么表示？

对施工图中某些部位由于图形比例较小，其具体内容或要求无法标注时，常用引出线注出文字说明或详图索引符号。

索引详图的引出线应对准索引符号的圆心 [图 1-14（a）]，引出线用细实线绘制，并宜用与水平方向成 30°、45°、60°、90° 的直线或经过上述角度再折为水平的折线，如图 1-14（b）所示。若同时引出几个相同部分的引出线，宜相互平行，如图 1-14（c）所示。

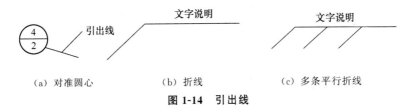

（a）对准圆心　　　　　　　　（b）折线　　　　　　　（c）多条平行折线

图 1-14　引出线

8. 当房屋施工图完全对称时，可以用什么符号表示？

当房屋施工图的图形完全对称的时候，可以只画该图形的一半，并画出对称符号，以节省图纸篇幅。

对称符号是在对称中心线（细长点划线）的两端画出两段平行线（细实线）。平行线长度为 6～10mm，间距为 2～3mm，且对称线两侧长度对应相等，如图 1-15 所示。

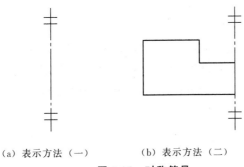

（a）表示方法（一）　　　　　（b）表示方法（二）

图 1-15　对称符号

9. 什么是图形折断符号？分为几种？

在制图过程中，为了省略画中间部分图样而使用图形折断符号。

图形折断符号主要分为以下两种。

①直线折断。当图形采用直线折断时，其折断符号为折断线，它经过被折断以后的图面，如图 1-16（a）所示。

②对圆形构件的图形折断，它的折断符号是曲线，如图 1-16（b）所示。

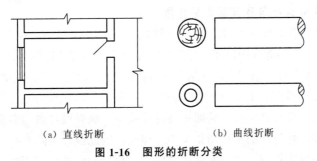

（a）直线折断　　　　　　　　（b）曲线折断

图 1-16　图形的折断分类

10. 在房屋施工图中，怎样对坡度进行标注？

在房屋施工图中，其倾斜部分通常加注坡度符号，一般用单面箭头表示。箭头应指向下坡方向，坡度的大小用数字注写在箭头上方，如图 1-14（a）、（b）所示。对于坡度较大的坡屋面、屋架等，可用直角三角形的形式标注它的坡度，如图 1-14（c）所示。

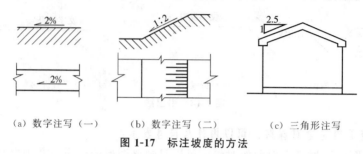

（a）数字注写（一）　　（b）数字注写（二）　　（c）三角形注写

图 1-17　标注坡度的方法

11. 图纸中怎样表示建筑平面布置的方位？

指北针表示图纸中建筑平面布置的方位，指北针圆的直径为 24mm，用细实线绘制。指针尾部宽度为 3mm，头部应注写"北"或"N"。当图纸较大时，指北针可放大，放大后的指北针，尾部宽度为圆直径的 1/8，如图 1-18 所示。

12. 图纸中如何使用连接符号？

对于较长的构件，当其长度方向的形状相同或按一定规律变化时，可断开绘制，断开处应用连接符号表示。连接符号为折断线（细实线），两部分相距过远时，折断线端靠图纸一侧应标注大写字母表示连接编号。两个被连接的图纸必须用相同字母编号，如图 1-19 所示。

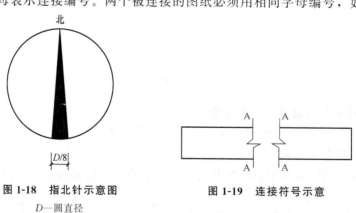

图 1-18　指北针示意图

D—圆直径

图 1-19　连接符号示意

13. 如何识读建筑详图和建筑标准配件图？

根据每项工程性质和要求的不同，会有不同的大样图，如吊顶做法详图，地面、楼面做法详图，阳台、雨罩、门头、门廊详图以及非标准门窗详图等，在阅读这部分详图时，一定要和建筑平、立、剖面图的有关部分联系起来，并从中查对它们之间的做法、尺寸、标高等有无矛盾。

现阶段为加快设计进度，对于常用的细部详图及构造，国家或各地方都编有建筑标准配件图集，以方便设计时由设计者选用，从而提高设计效率，减轻设计者的劳动强度。由于建筑标准配件图集种类繁多，各地区的配件图集又不尽相同，因此设计者除有时采用全国通用的建筑标准配件图集外，一般都根据工程所在地区选用当地自行制定的标准图集。当施工图中采用某一标准配件图集内的某些做法时，识图时应首先按标准图集号找来图集，必须将图集的设计总说明看懂后，按施工图索引的详图页数找到索引的详图编号，再进行详图的识读，并要和建筑平、立、剖面图的有关部分联系起来，并从中查对它们之间的做法、尺寸、标高等有无矛盾。

对于楼地面、踢脚、内外墙、墙裙、顶棚、台阶、散水、道路、屋面等构造做法，图集中都以列表的方式来分类表达这些建筑构造用料做法。楼地面构造做法见表1-1。

表 1-1　楼地面构造做法

编号	名称	用料做法	参考指标	附注
地1 60mm 厚混凝土 地2 80mm 厚混凝土	水泥砂浆地面（一）	20mm 厚 1∶2 水泥砂浆抹面压光素水泥浆结合层一遍 60mm 或 80mm 厚 C15 混凝土素土夯实	总厚度： 80mm 100mm	大于 25m² 的房间，其面层宜按开间做分段处理，由单项工程设计确定
地3	水泥砂浆地面（二）	20mm 厚 1∶2 水泥砂浆抹面压光 100mm 厚 1∶2∶4 石灰、砂、碎砖三合土素土夯实	总厚度： 120mm	大于 25m² 的房间，其面层宜按开间做分段处理，由单项工程设计确定
地4	水泥砂浆地面（三）	60mm 厚 C20 细石混凝土随打随抹光 20mm 厚粗砂找平素土夯实	总厚度： 80mm	适用于住宅等面积较小的房间

识读时还应特别注意各分部说明及做法附注中的内容，以便了解设计条件、适用场合及施工中应加以注意的问题。图 1-20～图 1-22 分别为女儿墙泛水做法、窗台板做法、外墙身及散水做法详图，识读此类详图时应根据图集的总说明，与施工平面图、剖面图联系阅读，以便清楚地知道此详图所表达的节点位置及要表达的全部内容，比较各细部做法的尺寸是否与施工平面图及剖面图的整体尺寸、标高有矛盾冲突的地方。通过对详图的阅读应该清楚地知道各个细部如何与主体结构连接，如何施工。因此通过对平面图、立面图、剖面图的识读，可以了解建筑的布局、整体的外观以及如何安全地构建；而对详图的识读，则可以知道如何让建筑美观、适用。

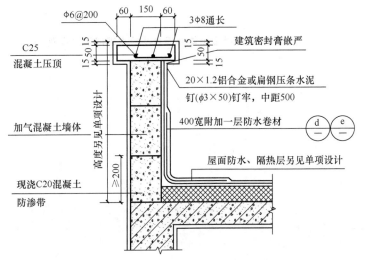

图 1-20　女儿墙泛水构造做法详图

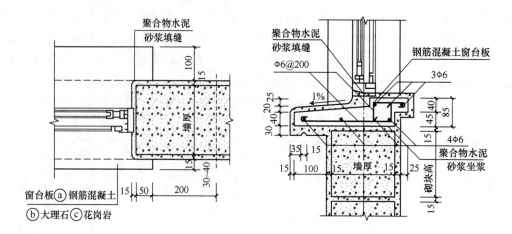

（a）窗台板构造做法（平面）　　　　（b）剖面详图

图 1-21　窗台板构造做法平面及剖面详图

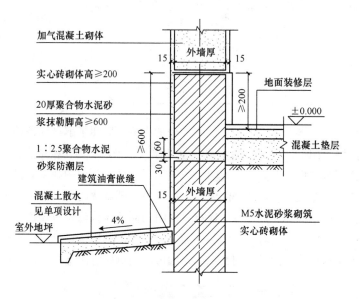

图 1-22　加气混凝土砌体外墙身及散水细部做法详图

第二章 建筑施工图的识读

一、建筑施工图基本知识

1. 建筑施工图是如何产生的？

工程建设程序是指从项目投资意向，投资机会选择，项目决策、设计、施工到竣工验收并投入使用的全过程。一般包括以下几个阶段：项目建议书阶段、可行性研究报告阶段、设计文件阶段、建设准备阶段、建设实施阶段和竣工阶段。

根据批准的可行性研究报告，通过招投标文件，择优选择设计单位。在设计阶段一般可分为初步设计（有的工程要先做设计方案）和施工图设计两个阶段（重大项目或技术复杂项目可增加技术设计阶段）。有的民用建筑工程要进行方案设计的招投标。

2. 施工图的设计应该注意哪些方面？

施工图设计是根据批准的初步设计文件，对工程建设方案进一步具体化、明确化，通过详细的计算和设计，绘制出正确、完整的用于指导施工的图样，并编制施工图预算。施工图设计是可供进行施工和安装指导的设计文件。施工图设计的主要任务是满足施工要求，规定施工中的技术措施、用料及具体做法。施工图设计文件包括工艺、设备、建筑、结构、给水排水、电气、照明、采暖通风、通信、煤气等各专业的全部施工图纸，以及工程说明书、结构计算书和施工图设计预算等。施工过程中，如有变动，可进行局部设计变更，但要征得有关方面及设计人员的同意，并出设计变更图纸。

工程开工之前，需识图、审图，再进行图纸会审工作，其程序是：熟悉拟建工程的功能，熟悉、审查工程的平面尺寸，熟悉、审查工程的立面尺寸，检查施工图中容易出错的地方有无出错，检查原施工图有无可改进的地方。

（1）熟悉拟建工程的功能　图纸到手后，首先了解本工程的功能是什么，是车间还是办公楼，是商场还是宿舍，了解功能之后，再联想一些基本尺寸和装修要求，如厕所地面一般会贴地砖、做块料墙裙，厕所、阳台楼地面标高一般会低几厘米；车间的尺寸一定要满足生产的需要，特别是满足设备安装的需要等。最后识读建筑说明，熟悉工程装修的情况。

（2）熟悉、审查工程的平面尺寸　建筑工程施工平面图一般有三道尺寸，由里到外，第一道尺寸是细部尺寸，第二道尺寸是轴线间尺寸，第三道尺寸是总尺寸。检查第一道尺寸相加之和是否等于第二道尺寸，第二道尺寸相加之和是否等于第三道尺寸，并留意边轴线是否为墙中心线，识读工程平面图时，先识读建施平面图，再识读本层结施平面图，最后识读水电空调安装、设备工艺、第二次装修施工图，检查它们是否一致。熟悉本层的平面尺寸后，审查其是否满足使用要求，如检查房间平面布置是否方便使用、采光通风是否良好等。识读下一层平面图尺寸时，检查与上一层有无不一致的地方。

（3）熟悉、审查工程的立面尺寸　建筑工程图一般包括正立面图、剖立面图，这些图有工程的立面尺寸信息；在建施平面图、结施平面图上，一般也标注有本层标高；梁表中，一般有梁表面标高；基础大样图、其他细部大样图中，一般也注明标高。通过这些施工图上的标高，可掌握工程的立面尺寸。正立面图一般有三道尺寸，第一道是窗台、门窗的高度等细部尺寸，第二道是层高尺寸，并标注有标高，第三道是建筑高度尺寸。审查的方法与审查平面图各道尺寸一样，由里到外，看相应的细部尺寸相加之和是否等于总尺寸，不相等的以细部尺寸为准确定总尺寸。检查立面图各楼层的标高是否与建施平面图相同，再检查建施的标高是否与结施标高相符。建施图各楼层标高与结施图相应楼层的标高应不完全相同，因为建施图的楼地面标高是工程完工后的标高，而结施图中楼地面标高是结构面标高，不包括装修面的高度，所以同一楼层建施图的标高应比结施图的标高高几厘米。这一点需特别注意，因有些施工图把建施图标高标在了相应的结施图上，如果不留意，施工过程中会出错。

熟悉立面图后，主要检查门窗顶标高是否与其上一层的梁底标高相一致；检查楼梯踏步的水平尺寸和标高是否有错，检查梯梁下竖向净空尺寸是否大于 2m，是否会出现碰头的现象；当中间层出现露台时，检查露台标高是否比室内低；检查厕所、浴室楼地面是否低几厘米，若不是，需检查有无防溢水措施；最后与水电空调安装、设备工艺、第二次装修施工图相结合，检查建筑高度是否满足功能的需要。

（4）检查施工图中容易出错的地方有无出错　熟悉建筑工程尺寸后，再检查施工图中容易出错的地方有无出错，主要检查内容如下。

①检查女儿墙混凝土压顶的坡向是否朝内。

②检查砖墙下是否有梁。

③结构平面图中的梁的钢筋表中是否全标出了配筋情况。

④检查主梁的高度有无低于次梁高度的情况。

⑤梁、板、柱在跨度相同、相近时，有无配筋相差较大的地方；若有，需验算。

⑥当梁与剪力墙同一直线布置时，检查有无梁的宽度超过墙的厚度。

⑦当梁分别支承在剪力墙和柱边时，检查梁中心线是否与轴线平行或重合，检查梁宽有无凸出墙或柱外；若有，应提交设计者处理。

⑧检查梁的受力钢筋最小间距是否满足施工验收规范的要求，当工程上采用带肋的螺纹钢筋时，由于工人在钢筋加工过程中，用无肋面进行弯曲，所以钢筋直径取值应为原钢筋直径加上约 21mm 肋厚。

⑨检查室内出露台的门上是否设计有雨篷，检查结构平面上雨篷中心是否与建施图上门的中心线重合。

⑩检查设计要求与施工验收规范有无不同，如柱表中常说明"柱筋每侧少于 4 根可在同一截面搭接"，但施工验收规范要求同一截面钢筋搭接面积不得超过 50%。

⑪检查结构说明与结构平面图、大样图、梁柱表中内容以及与建施说明有无相矛盾之处。

⑫单独基础系双向受力，沿短边方向的受力钢筋一般置于长边受力钢筋的上面，检查施工图的基础大样图中的钢筋是否画错。

（5）检查原施工图有无可改进的地方　审查建筑施工图时主要从有利于该工程的施工、有利于保证建筑工程质量、有利于工程美观三个方面对原施工图提出改进意见，具体见表 2-1。

表 2-1　审查施工图有无可改进的方面

项目	内　　容
从有利于工程施工的角度考虑	（1）结构平面图上会出现连续框架梁相邻跨度较大的情况，当中间支座负弯矩分开锚固时，会造成梁柱接头处的钢筋太密，导致浇捣混凝土困难，可向设计人员建议负筋能连通的尽量连通 （2）当支座负筋为通长时，就会造成跨度小、梁宽较小的梁面钢筋太密，无法浇捣混凝土，可建议在保证梁负筋的前提下，尽量保持各跨梁宽一致，只对梁高进行调整，以便面筋连通和浇捣混凝土 （3）当结构造型复杂，某一部位结构施工难以一次完成时，应向设计人员提出混凝土施工缝如何留置的建议

项　目	内　　容
从有利于工程施工的角度考虑	（4）露台面标高降低后，若露台中间有梁，且此梁与室内相通，梁受力筋在降低处是弯折还是分开锚固，请设计者处理
从有利于建筑工程质量方面考虑	（1）当设计天花抹灰与墙面抹灰同为 1：1：6 混合砂浆时，可建议将天花抹灰改为 1：1：4 混合砂浆，以增加其黏结力 （2）当施工图上对电梯井坑、卫生间沉池、消防水池未注明防水施工要求时，可建议在坑外壁，沉池、水池内壁增加水泥砂浆防水层，以提高防水质量
从有利于工程美观方面考虑	（1）若出现露台的女儿墙与外窗相接时，检查女儿墙的高度是否高过窗台，若是，则相接处不美观，建议设计者处理 （2）检查外墙饰面分色线是否连通，若不连通，建议到阴角处收口；当外墙与内墙无明显分界线时，询问设计者，将墙装饰延伸到内墙何处收口最为美观，外墙凸出部位的顶面和底面是否同外墙一样装饰 （3）当柱截面尺寸随着楼层的升高而逐步减小时，若柱凸出外墙成为立面装饰线条时，为使该线条上下宽窄一致，建议不缩小凸出部位的柱截面 （4）当柱布置在建筑平面砖墙的转角位，而砖墙转角小于 90°时，若结构设计仍采用方形柱，可建议根据建筑平面图将方形柱改为多边形柱，以免柱角凸出墙外，影响使用和美观 （5）当电梯大堂（前室）左边有一框架柱凸出墙面 10～20cm 时，检查右边柱是否凸出相同的尺寸，若不是，建议修改成左右对称

按照"熟悉拟建工程的功能，熟悉、审查工程平面尺寸，熟悉、审查工程的立面尺寸，检查施工图中容易出错的部位有无出错、检查有无需改进的地方"的程序和思路，有计划、全面地展开识图、审图工作。

工程结束后还应由建设单位组织施工单位、设计单位对大型、复杂或意义重大的工程编制工程竣工图，作为工程技术档案备查，并作为使用、管理、维修及工程扩建改造时的依据。

3. 建筑施工图主要包括几部分？

（1）图纸目录及门窗表　图纸目录是了解整个建筑设计整体情况的目录，从中可以明了图纸数量、出图大小和工程号还有建筑单位及整个建筑物的主要功能。如果图纸目录与实际图纸有出入，必须核对清楚。门窗表包含了门窗编号、门窗尺寸及做法。

（2）建筑设计总说明　建筑设计总说明对结构设计是非常重要的，因为建筑设计总说明中会提到很多做法及许多结构设计中要使用的数据，比如：建筑物所处位置（结构中用以确定设防烈度及风载、雪载），绝对标高（用以计算基础大小及埋深、桩顶标高等，没有绝对标高则根本无法施工），墙体、地面、楼面等做法（用以确定各部分荷载）。总之，看建筑设计总说明时不能草率，这是结构设计正确与否非常重要的一个环节。

（3）总平面图　将拟建工程四周一定范围内的新建、拟建、原有和拆除的建筑物、构筑物连同其周围的地形地物状况，用水平投影方法和相应的图例所画出的图纸，即为总平面图。它反映新建房屋、构筑物等的位置和朝向，室外场地、道路、绿化等的布置，地形、地貌、标高等，以及与原有环境的关系及临界情况等。

（4）建筑平面图　建筑平面图比较直观，它反映了柱网布置、每层房间功能及墙体、门窗、楼梯位置等。一层平面图在进行上部结构建模中是不需要的（有架空层及地下室等除外），一层平面图在做基础时使用。结构设计师在看平面图的同时，需要考虑建筑的柱网布置是否合理，不当之处应与建筑师协商修改。通常在不影响建筑功能及使用效果的情况下可做修改。看建筑平面图，首先要了解各部分建筑功能，基本结构上的活荷载取值；其次要了解柱网及墙体门窗的布置、柱截面大小、梁高以及梁的布置。值得一提的是，现代建筑为了增强外立面的效果，通常都有屋面构架，而且都比较复杂。需要仔细地理解建筑师的构思，必要的时候咨询建筑师或索要效果图，力求明白整个构架的三维形成是什么样的，这样才不会出错。

另外，还要了解清楚屋面是结构找坡还是建筑找坡。

（5）建筑立面图　建筑立面图是对建筑立面的描述，主要是外观上的效果，提供给结构师的信息主要就是门窗在立面上的标高和立面布置以及立面装饰材料及凹凸变化。

通常有线的地方就是有面的变化，再就是层高等信息，这也是对结构荷载起决定性作用的数据。

（6）建筑剖面图　建筑剖面图的作用是对无法在平面图及立面图表述清楚的局部剖切，以清楚地表述建筑设计师对建筑物内部的处理。结构工程师能够在剖面图中得到更为准确的层高信息及局部地方的高低变化。剖面信息直接决定了剖切处梁相对于楼面标高的下沉或抬起，又或是错层梁，或有夹层梁、短柱等，同时对窗顶是框架梁充当过梁还是需要另设过梁有一个清晰的概念。

（7）节点大样图及门窗大样图　建筑师为了更为清晰地表述建筑物的各部分做法，以便于施工人员了解自己的设计意图，需要对构造复杂的节点绘制大样以说明详细做法，不仅要通过节点图更进一步了解建筑师的构思，更要分析节点画法是否合理，能否在结构上实现，然后通过计算验算各构件尺寸是否足够，配出钢筋。当然，有些节点是不需要结构师配筋的，但结构师也需要确定该节点能否在整个结构中实现。门窗大样对于结构师作用不是太大，但对于个别特别的门窗，结构师须绘制立面上的过梁布置图，以便于施工人员对此种造型特殊的门窗过梁有一个确定的做法，避免施工人员出现理解上的错误。

（8）楼梯大样图　楼梯是每一个多层建筑工程必不可少的部分，也是非常重要的一个部分。楼梯大样又分为楼梯各层平面图、楼梯剖面图及节点大样图，结构师也需要仔细分析楼梯各部分的构成，看是否能构成一个整体。在进行楼梯计算的时候，楼梯大样图就是唯一的依据，所有的计算数据都是取自楼梯大样图，所以在看楼梯大样图时也必须将梯梁、梯板厚度及楼梯结构形式考虑清楚。

二、常用建筑施工图图例

1. 总平面图中常用到的图例有哪些？如何表示？

总平面图常用图例见表 2-2。

表 2-2　总平面图常用图例

序号	名称	图例	备注
1	新建建筑物	X= Y= ① 12F/2D H=59.00 m	（1）新建建筑物以粗实线表示与室外地坪相接处±0.00 外墙定位轮廓线 （2）建筑物一般以±0.00 高度处的外墙定位轴线交叉点坐标定位。轴线用细实线表示，并标明轴线号 （3）根据不同设计阶段标注建筑编号，地上、地下层数，建筑高度，建筑出入口位置（两种表示方法均可，但同一图纸采用一种表示方法） （4）地下建筑物以粗虚线表示其轮廓 （5）建筑上部（±0.00 以上）外挑建筑用细实线表示 （6）建筑物上部连廊用细虚线表示并标注位置

续表

序号	名称	图例	备注
2	原有建筑物		用细实线表示
3	计划扩建的预留地或建筑物		用中粗虚线表示
4	拆除的建筑物		用细实线表示
5	铺砌场地		—
6	水池、坑槽		也可以不涂黑
7	烟囱		实线为烟囱下部直径，虚线为基础，必要时可注写烟囱高度和上、下口直径
8	围墙及大门		—
9	挡土墙	5.00 1.50	挡土墙根据不同设计阶段的需要标注墙顶标高、墙底标高
10	挡土墙上设围墙		
11	台阶及无障碍坡道	(1) (2)	（1）表示台阶（级数仅为示意） （2）表示无障碍坡道
12	坐标	(1) $X=105.00$ $Y=425.00$ (2) $A=105.00$ $B=425.00$	上图表示测量坐标 下图表示建筑坐标
13	方格网交叉标高	-0.50 | 77.85 78.35	"78.35"为原地面标高 "77.85"为设计标高 "−0.50"为施工高度 "−"表示挖方（"+"表示填方）
14	填方区、挖方区、未整平区及零点线	+ | − +	"+"表示填方区 "−"表示挖方区 中间为未整平区 点划线为零点线

续表

序号	名称	图例	备注
15	填挖边坡	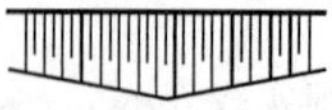	(1) 边坡较长时，可在一端或两端局部表示
16	护坡	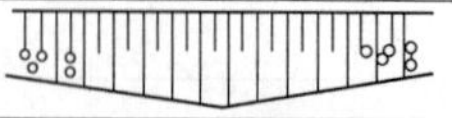	(2) 下边线为虚线时表示填方
17	原有的道路		
18	新建的道路	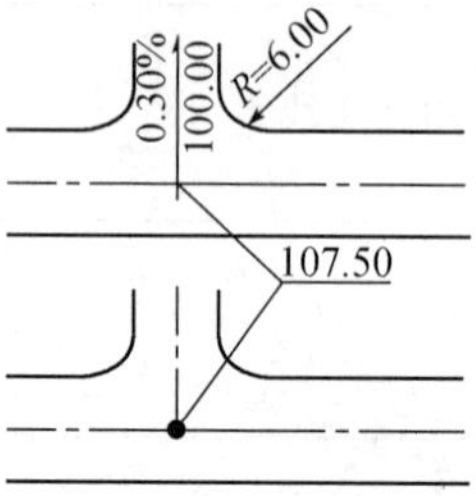 "R=6.00" 0.30% 100.00 107.50	"$R=6.00$"表示道路转弯半径；"107.50"为道路中心线交叉点设计标高，两种表示方式均可，同一图纸采用一种方式表示；"100.00"为变坡点之间距离，"0.30％"表示道路坡度，→表示坡向
19	计划扩建的道路		
20	拆除的道路	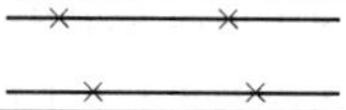	
21	涵洞、涵管	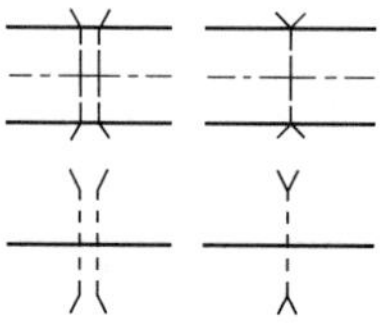	(1) 上图为道路涵洞、涵管，下图为铁路涵洞、涵管 (2) 左图用于比例较大的图面，右图用于比例较小的图面
22	桥梁	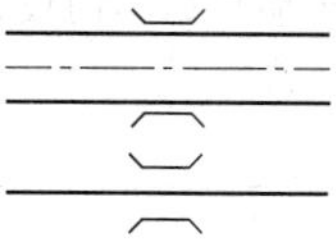	(1) 上图为公路桥，下图为铁路桥 (2) 用于旱桥时应注明
23	管线	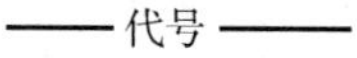 ——代号	管线代号按国家现行有关标准的规定标注
24	地沟管线	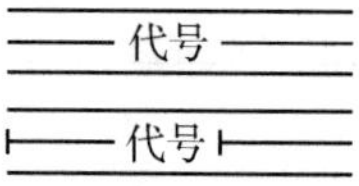 代号 代号	
25	管桥管线	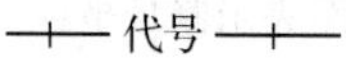 —+—代号—+—	管线代号按国家现行有关标准的规定标注
26	架空电力、电信线	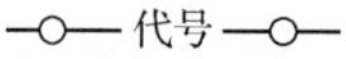 —○—代号—○—	(1) "○"表示电杆 (2) 管线代号按国家现行有关标准的规定标注
27	河流或水面		箭头表示水流流向
28	等高线	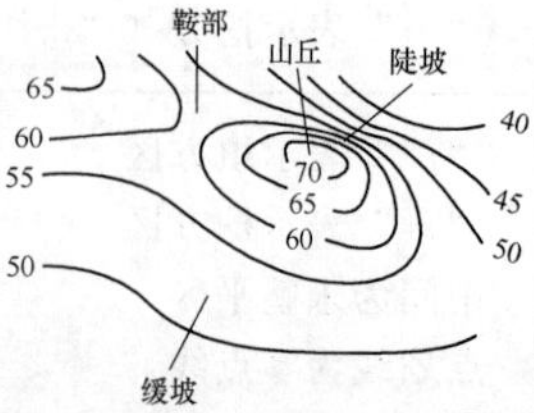 鞍部 山丘 陡坡 65 60 55 70 65 60 50 40 45 50 缓坡	表示地形起伏情况，数字为标高

序号	名称	图例	备注
29	常绿针叶乔木		
30	落叶针叶乔木		
31	常绿阔叶乔木		
32	落叶阔叶乔木		
33	常绿阔叶乔木		
34	落叶阔叶灌木		
35	竹丛		
36	花卉		
37	草坪	（1） （2） （3）	

序号	名称	图例	备注
38	整形绿篱		
39	植草砖		

2. 常用的建筑材料有哪些？如何表示？

常用的建筑材料图例如表 2-3 所示。

表 2-3 常用的建筑材料图例

序号	名称	图 例	备 注
1	自然土壤		包括各种自然土壤
2	夯实土壤		—
3	砂、灰土		靠近轮廓线绘较密的点
4	砂砾石、碎砖三合土		—
5	石材		—
6	毛石		—
7	普通砖		包括实心砖、多孔砖、砌块等砌体。断面较窄不易绘出图例线时，可涂红，并在图纸备注中加注说明，画出该材料图例
8	耐火砖		包括耐酸砖等砌体
9	空心砖		指非承重砖砌体
10	饰面砖		包括铺地砖、马赛克、陶瓷锦砖、人造大理石等
11	焦渣、矿渣		包括与水泥、石灰等混合而成的材料
12	混凝土		本图例指能承重的混凝土及钢筋混凝土
13	钢筋混凝土		
14	多孔材料		包括水泥珍珠岩、沥青珍珠岩、泡沫混凝土、非承重加气混凝土等

续表

序号	名称	图例	备注
15	纤维材料		包括玻璃棉、麻丝等
16	泡沫塑料材料		包括聚苯乙烯等多孔合物
17	木材		上图为横断面，下图为纵断面
18	胶合板		应注明×层胶合板
19	石膏板		包括圆孔、方孔石膏板及防水石膏板等
20	金属		(1) 包括各种金属 (2) 图形小时可涂黑
21	网状材料		(1) 包括金属、塑料网状材料 (2) 应注明具体材料名称
22	液体		应注明具体液体名称
23	玻璃		包括平板玻璃、磨砂玻璃、夹丝玻璃、钢化玻璃、中空玻璃、加层玻璃、镀膜玻璃等
24	橡胶		—
25	塑料		包括各种软、硬塑料及有机玻璃等
26	防水材料		构造层次多或比例大时，采用上图例
27	粉刷		本图例采用较稀的点

3. 常用的卫生设备有哪些？在图例中如何表示？

常用的卫生设备见表 2-4。

表 2-4 常用的卫生设备

序号	名称	平面	立面	侧面
1	洗脸盆			
2	立式洗脸盆			
3	浴盆			

续表

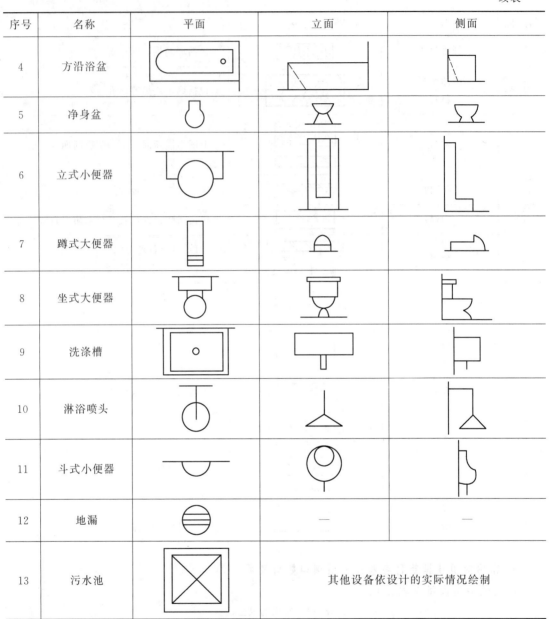

序号	名称	平面	立面	侧面
4	方沿浴盆			
5	净身盆			
6	立式小便器			
7	蹲式大便器			
8	坐式大便器			
9	洗涤槽			
10	淋浴喷头			
11	斗式小便器			
12	地漏		—	—
13	污水池		其他设备依设计的实际情况绘制	

三、识读图纸目录

1. 从图纸目录中可以了解到哪些内容？

图纸目录是了解建筑设计的整体情况的文件，当拿到一套图纸后，首先要查看图纸目录。从目录中可以明确图纸数量、出图的大与小、工程号，图纸专业类别及每张图纸所表达的内容，还有建筑单位及整个建筑物的主要功能，从中可以迅速地找到所需要的图纸。

图纸目录有时也称"首页图"，意思就是第一张图纸。表2-5为某底商住宅楼的结构专业图纸目录。

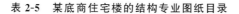

表 2-5　某底商住宅楼的结构专业图纸目录

某底商住宅楼

结构专业图纸目录

设计单位：××工程设计有限公司

建设单位：××建筑公司

序号	图纸编号	图纸名称	图幅号
1	结施-01	结构设计总说明（一）	A2
2	结施-02	结构设计总说明（二）	A2
3	结施-03	结构设计总说明（三）	A2
4	结施-04	基础板配筋图	A2
5	结施-05	基础模板图及基础详图	A2
6	结施-06	地下室柱定位图及一～三层柱配筋平面图	A2＋1/4
7	结施-07	四～八层柱配筋平面图	A2＋1/4
8	结施-08	顶层柱配筋图及详图	A2
9	结施-09	标高－0.020～4.180m 梁配筋图	A2
10	结施-10	标高 8.080～11.980m 梁配筋图	A2
11	结施-11	标高 15.180～27.980m 梁配筋图	A2
12	结施-12	标高－0.020～8.080m 结构平面图	A2
13	结施-13	标高 11.980～27.980m 结构平面图	A2
14	结施-14	坡屋顶结构平面图、屋顶梁配筋图	A2
15	结施-15	1#楼梯详图（一）	A2＋1/4
16	结施-16	1#楼梯详图（二）	A2＋1/4
17	结施-17	2#楼梯详图	A2＋1/4

从表 2-5 所示的图纸目录中可以了解到下列资料：

工程名称——某底商住宅楼；

图纸专业类别——结构专业；

设计单位——××工程设计有限公司；

建设单位——××建筑公司。

图纸编号和名称是为了方便查阅，针对每张图纸所表达建筑物的主要内容，给图纸起一个名称，再用数字编号，用来确定图纸的次序。如这套图纸目录所在的图纸图名为××封面，图号为"结施-00"，在图纸目录编号项的第一行，可以看到图纸编号"结施-01"。其中"结"字表示图纸种类为结构施工图，"01"表示为结构施工图的第一张；在图名相应的行中，可以看到"结构设计总说明（一）"，也就是图纸表达的内容，为结构总说明的第一部分；在图幅号相应的行中，看到"A2"，它表示该张图纸是 A2 幅面，图框尺寸为 420mm×594mm。在图纸目录编号项的最后一行，可以看到图幅号为"A2＋1/4"，它表达的意思是在 A2 幅面的基础上增加 A2 幅面的 1/4 长，图框尺寸为 420mm×（594＋594×1/4）mm。

该套图纸共有 18 张，图纸封面为图纸目录，接下来 3 张为结构设计总说明，结构施工图 14 张。

图纸目录的形式由设计单位自己规定，没有统一的格式，但大体如上述内容。

2. 标题起到什么作用？

每张图纸上都必须画出标题栏。标题栏位于图纸的右下角，其具体的格式由绘图单位确定，见表 2-6。

表 2-6　标题栏

××工程设计有限公司		工程名称		某底商住宅楼	
	××	项目		底商住宅楼	
审定	××	专业负责人	××	设计号	××
审核	××			图别	结构
项目负责人	××	校对	××	结构设计总说明（一）	图号	结施-01
		设计	××		日期	××

　　表 2-6 为某底商住宅楼的标题栏。从表中可以了解到下列资料：当需要找结构设计总说明的图纸时，应首先看图纸的标题栏，该标题栏上显示图号"结施-01"，图名"结构设计总说明（一）"，这与目录上相应的内容相符合，确认这就是所要找的结构设计总说明图纸。设计号是该设计公司的注册编号，是唯一的。另外，如有需要，工程图样还可以画会签栏。

四、识读建筑设计总说明

1. 建筑设计总说明的基本内容是什么？

　　建筑设计总说明是对拟建工程所涉及的各个构件或系统所做的一个详细的说明，尤其是对主要项目及工艺要求中无法直接用图形所表达的部分所做的说明。其包含以下主要内容。

　　①本项工程施工图设计的依据性文件、批文和相关规范。

　　②项目概况。其内容一般应包括建筑名称、建设地点、建设单位、建筑面积、建筑基底面积、建筑工程等级、设计使用年限、建筑层数和建筑高度、防火设计建筑分类和耐火等级、人防工程防护等级、屋面防水等级、地下室防水等级、抗震设防烈度等，以及反映建筑规模的主要技术经济指标，如住宅的套型和套数（包括每套的建筑面积、使用面积、阳台建筑面积，房间的使用面积可在平面图中标注）、旅馆的客房间数和床位数、医院的门诊人次和住院部的床位数、车库的停车泊位数等。

　　③设计标高。本工程的相对标高与总图绝对标高的关系。

　　④用料说明和室内外装修。如采用标准图集做法，则应说明所选用图集的图集号。

　　⑤对采用新技术、新材料的做法说明及对特殊建筑造型和必要的建筑构造的说明。

　　⑥门窗表及门窗性能（如防火、隔声、防护、抗风压、保温、空气渗透、雨水渗透等），用料，颜色，玻璃，五金件等的设计要求。

　　⑦幕墙工程（包括玻璃、金属、石材等）及特殊的屋面工程（包括金属、玻璃、膜结构等）的性能及制作要求，平面图、预埋件安装图等以及防火、安全、隔声构造。

　　⑧电梯（自动扶梯）选择及性能说明（功能、载重量、速度、停站数、提升高度等）。

　　⑨墙体及楼板预留孔洞需封堵时的封堵方式说明。

　　⑩其他需要说明的问题。

2. 怎样识读建筑设计总说明？

　　建筑设计总说明主要为文字性的内容，建筑施工图中未表示清楚的内容都反映在建筑设计总说明中。建筑设计总说明通常放在图样目录后面或建筑总平面图后面，它的内容根据建筑物的复杂程度可多可少，但一般应包括设计依据、工程概况、工程做法等内容，见表 2-7。

表 2-7　建筑设计总说明内容

项目	内　容
工程概况	一般包括工程的结构体系、抗震设防烈度、荷载取值、结构设计使用年限等内容
设计依据	一般包括国家颁布的建筑结构方面的设计规范、规定、强制性条文、建设单位提供的地质勘察报告等方面的内容
工程做法	一般包括地基与基础工程、主体工程、砌体工程等部位的材料做法等，如混凝土构件的强度等级、保护层厚度；配置的钢筋级别、钢筋的锚固长度和搭接长度；砌块的强度、砌筑砂浆的强度等级、砌体的构造要求等方面的内容

凡是直接与工程质量有关而在图样上无法表示的内容，往往在图纸上用文字说明表达出来，这些内容是识读图样必须掌握的，需要认真阅读。

3. 通过建筑设计总说明需要注意什么问题？

通过对建筑总说明的识读，可以对拟建建筑或系统有一个整体的认识，可以了解工程的整体要求以及在各细部制作中应特别注意的问题，进而带着问题去识读下面的各张图纸，从而充分全面了解设计者的意图，发现其中的疏忽与不足，保证工程安全顺利地进行。识读时应注意以下要点：

①了解拟建工程的设计依据；

②通过对工程项目概况的阅读，掌握工程建设的基本情况；

③了解建筑中相对标高与绝对标高的关系；

④通过对门窗表的识读，了解工程中所使用门窗的种类，以及各种门窗的数量；

⑤了解工程中无法用图形表达的一些部位的特殊做法及选用的材料。

五、识读建筑总平面图

1. 什么是建筑总平面图？

建筑总平面图是用正投影方法表达较大范围的平面图。根据用途可分为表达某一小区、某一工厂总体布局的建筑总平面图；也有专为平整场地、修筑道路、进行绿化的建筑总平面图。单栋房屋建筑施工图中的建筑总平面图主要表达该房屋的建造位置，以便施工定位。图2-1 为一新建单栋房屋建筑施工图中的建筑总平面。

2. 建筑总平面图是怎样形成的，有什么作用？

建筑总平面图是假设在建设区的上空向下投影所得的水平投影图。将新建工程四周一定范围内新建、拟建、原有和拆除的建筑物、构筑物连同其周围的地形、地物状况用水平投影方法和相应的图例所画出的图纸，即为建筑总平面图。建筑总平面图主要表示新建房屋的位置、朝向、与原有建筑物的关系，以及周围道路、绿化和给水、排水、供电条件等方面的情况，作为新建房屋施工定位，土方施工，设备管网平面布置，安排在施工时进入现场的材料和构件、配件堆放场地，构件预制的场地以及运输道路的依据。

3. 建筑总平面图中可以了解到的内容有什么？

(1) 图名、比例及有关文字说明　建筑总平面图因包括的地区范围较大，所以，绘制时都采用较小比例，如 1∶500、1∶1000、1∶2000 等。

(2) 新建工程的总体情况　新建工程的性质与总体布置；建筑物所在区域的大小和边

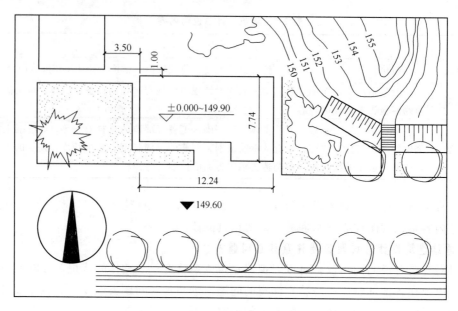

图 2-1 建筑总平面图（单位：m）

界；各建筑物和构筑物的位置及层数；道路、场地和绿化等布置情况。

（3）工程具体位置 新建工程或扩建工程的具体位置。新建房屋的定位方法有两种：一种是参照物法，即根据已有房屋或道路定位；另一种是坐标定位法，即在地形图上绘制测量坐标网。标注房屋墙角坐标的方法如图 2-2 所示。

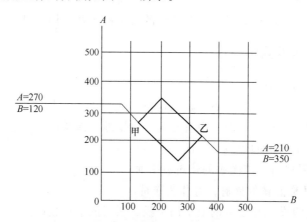

图 2-2 建筑物坐标示意

（4）新建房屋的标高 新建房屋首层室内地面和室外整平地面的绝对标高，可知室内外地面的高差以及正负零与绝对标高的关系。

（5）新建房屋的朝向 总平面图中的指北针和风向频率玫瑰图可明确新建房屋的朝向和该地区的常年风向频率。有些图纸上只画出单独的指北针。

4. 怎样识读建筑总平面图？

假设所建场地为空旷地，其建筑总平面图的识读方法如下所述。

（1）根据总图到现场进行草测 草测就是为初步探测实地情况而做的工作。一般只要用一只指南针，一根 30m 的皮尺，一支以 3∶4∶5 比例钉制的角尺（最短边长为 1.5m 左右）

即可进行。测定时可利用原有的与总图上所标相符的地物、地貌，再用指南针大致定向，用皮尺及角尺粗略地确定新建建筑的位置。

①假如所建场地为一片空旷地，如图 2-3 所示（设计图上无原有建筑）。草测时可以将南边的河道岸边作为 X 坐标，其 X 值可以从图上按比例量一量，约为 $X=13700$，由该处向北丈量 70～80m，在该区域中无影响建造的障碍或高压电线；然后以河道转弯处算做 $Y=44000$ 的起始线，往西丈量 100～120m 无障碍，那么说明该总图符合现场实际，施工不会发生困难，如图 2-4 所示。

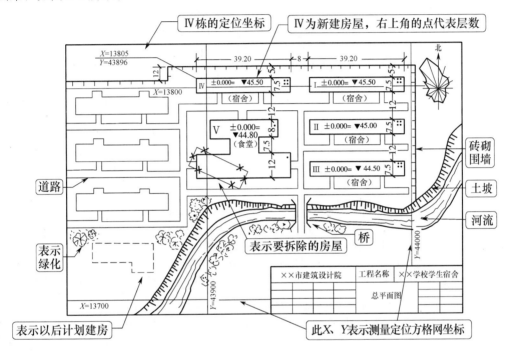

图 2-3　建筑总平面图（比例：1∶1000）

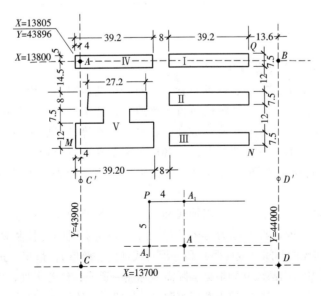

图 2-4　房屋定位测量图（单位：m）

②假如在旧有建筑中建新房，这时的草测就更简单些。只要丈量原有建筑之间的距离能容下新建筑的位置，并在它们之间又有一定安全或光照距离，那么就可以进行施工。

如果在草测中发现设计的总图与实地矛盾较大，施工单位必须向建设单位、设计部门发出通知，请双方人员一起到现场核实，再由建设单位和设计单位给出解决矛盾的处理意见。只有取得正式改正通知后，才能定位放线，进行施工。

（2）新建房屋的定位　看了总平面图之后，了解了房屋的方位、坐标，就可以把房屋从图纸上"搬"到地上面，这就叫房屋的定位。这也是看懂总平面图后的实际应用，当然真正放出灰线可以挖土施工，还要看基础平面图和房屋首层的平面图。

根据总平面图的位置，初步草测确定房屋位置的方法见表 2-8。

表 2-8　初步草测确定房屋位置的方法

方法	内　容
仪器定位法	（1）将仪器（经纬仪）放在已给出的方格网交点上（如图 2-4 所示中 $X=13800$、$Y=43900$ 和 $X=13700$、$Y=44000$ 处），$X=13800$ 线和 $Y=43900$ 线交于 A 点。将仪器先放在 A 点（一般这种点都有桩点桩位），前视 C 点，后倒镜看 A_1 点，并量取 A_1 到 A 的尺寸为 5m，固定 A_1 点。5m 这值是根据Ⅳ号房角已给定的坐标 $X=13805$ 和 A 点的 $X=13800$ 而得到的 [$13805-13800=5$（m）]。再由 A 点用仪器前视看 B 点，倒镜再看 A_2 点，并量取 4m 尺寸将 A_2 点固定 （2）将仪器移至 A_1 点，前视 A 或 C 点（其中一点可做检验），后转 90°看得 P 点并量出 4m 将 P 固定，这 P 点也就是规划给定的坐标定位点 （3）将仪器移至 P 点，前视 A_2 点可延伸到 M 点，前视 A_1 点可延伸到 Q 点，并用量尺的方法将 Q、M 点固定，再将仪器移到 Q 或 M 将Ⅳ点固定后，这 5 栋房屋的大概位置均已定了。由于是粗略草测定位，用仪器定位只要确定几个控制点就可以了。其中每栋房屋的草测可以用"三、四、五"放线方法粗略定位
"三、四、五"定位法	这个定位方法实际是利用勾股定理，按 3:4:5 的尺寸制作一个角尺，使转角达到 90°的目的，定位时只要用角尺、钢尺、小线三者就可以初步草测定出房屋外围尺寸、外框形状和位置，"三、四、五"定位法是工地常用的一种简易定位法，其优点是简便、准确

六、识读建筑平面图

1. 建筑平面图的基本内容是什么？

（1）表示建筑物的平面形状、内部布置和朝向　包括房屋的平面外形，内部房间的布置（应有房间名称或编号），走道、楼梯的位置，厕所、盥洗室、卫生间的位置和突出外墙面的一些构件（一般首层平面图画有台阶、坡道、花台、散水等；二层平面图画有首层门、窗上的雨篷、遮阳板和本层的阳台；三层及以上各层平面图画下面相邻一层窗上的遮阳板和本层的阳台）。另外，首层平面图应画有雨水管、暖气管沟、检查孔的位置，并标注指北针，以确定房屋的朝向。

（2）标明建筑物各部分的尺寸　用轴线和尺寸标注各处的准确尺寸。纵向和横向外部尺寸一般都分三道标注：即最外一道为房屋外包尺寸，表明房屋的总长和总宽；中间一道为轴线间的尺寸，表明房屋的开间（或柱距）和进深（或柱跨、跨度）；最里一道为门窗洞口和墙垛到邻近轴线的详细尺寸。内部尺寸则根据实际需要标注一道或标注若干处，主要标注出墙厚、柱的断面和它们与轴线的关系，标注出内墙门窗洞口，预留洞口的位置、大小、洞底标高等。

（3）标明建筑物的结构形式和主要建筑材料 如有的工程为砖墙承重的砖混结构，有的工程为柱子承重的框架结构，还有的工程为外砖墙、内柱子承重的内框架结构等。用不同的建筑材料图例表明墙、隔墙和柱子使用的材料。

（4）标明各层地面的标高 一般首层的室内地面定为±0.000。除首层平面图应加注室外地坪标高外，各层平面图均应注有本层地面各处的标高和楼梯休息平台的标高，坡道和楼梯还注有上或下的箭头（箭头起点以各层地面为准）。

（5）标明门窗编号和门的开启方向 根据各项工程采用门窗图集的不同，门窗编号方法也随之不同，一般用 C 表示窗，用 M 表示门。例如北京常用木门窗 76J61 图集中，59M4 表示宽×高＝1500mm×2700mm 洞口用的弹簧门，56C 表示宽×高＝1500mm×1800mm 洞口的外开窗。当同一位置处上部装窗下部装门时，则在门洞处标注：上 53C，下 59M4。当墙上安装高窗时，窗的图例为虚线，一般应注有窗台的高度。门的开启方向或方式与安装五金有关，在框架结构的建筑各层平面图中墙上洞口处，及在砖混结构的建筑各层平面图中隔墙上洞口处，常注有门窗洞口过梁的根数和编号，如 2GL12·2（即 2 根用于洞口净宽为 1200mm 的过梁）。

（6）标明剖面图、详图和标准配件的位置及索引号 剖面图应标明剖切位置、剖视方向和剖面图的编号（此索引仅在首层平面图上表示）。

（7）反映其他工种（工艺、水、暖、电）对土建专业的要求 如设备基础、坑、台、池、消火栓、配电箱和墙上、楼板上的预留孔的位置和尺寸。

（8）门窗表和材料做法表 门窗表和材料做法表可分层画在各层平面图上，也可集中单独作在另外的图纸上。门窗表应有型号、尺寸和数量。材料做法表应表明各房间的地面、楼面、踢脚板、墙裙、内墙面、顶棚等的做法编号。

（9）文字说明表达视图中表示不全的内容 如砖、砂浆、混凝土的强度等级，以及对施工的要求等。

2. 建筑平面图是怎样形成的，有什么作用？

建筑平面图是假想用一水平剖切平面从建筑窗台上一点剖切建筑，移去上面的部分，向下所作的正投影图，称为建筑平面图，简称平面图。图 2-5 所示是建筑平面图的形成。建筑平面图实质上是房屋各层的水平剖面图。平面图虽然是房屋的水平剖面图，但按习惯不必标注其剖切位置，也可称为剖面图。

一般房屋有几层，就应有几个平面图。当房屋除了首层之外，其余均为相同的标准层时，一般房屋只需画出首层平面图、标准层平面图、顶层平面图即可，在平面图下方应注明相应的图名及采用的比例。因建筑平面图是剖面图，因此应按剖面图的图示方法绘制，即被剖切平面剖切到的墙、柱等轮廓用粗实线表示，未被剖切到的部分如室外台阶、散水、楼梯、阳台、雨篷以及尺寸线等用细实线表示，门的开启线用中粗实线表示。

建筑平面图常用的比例是 1：50、1：100 或 1：200，其中 1：100 使用最多。建筑平面图的方向宜与总平面图的方向一致，建筑平面图的长边宜与横式幅面图纸的长边一致。

建筑平面图反映建筑物的平面形状和大小，内部布置，墙的位置、厚度和材料，门窗的位置和类型以及交通等情况，可作为建筑施工定位、放线、砌墙、安装门窗、室内装修、编制预算的依据。

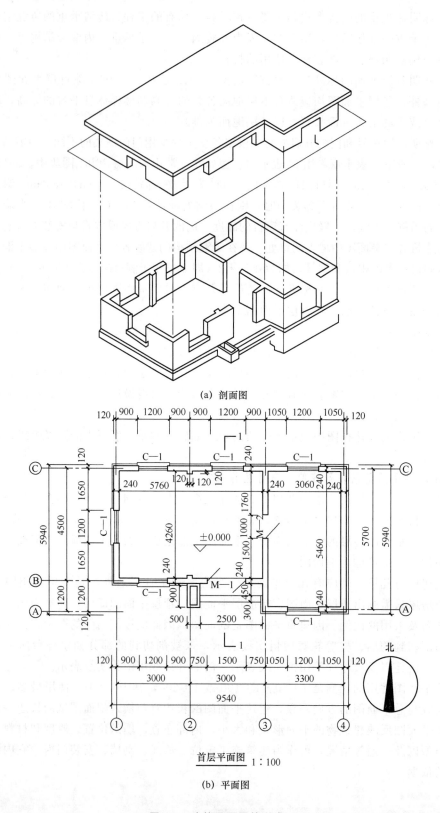

(a) 剖面图

首层平面图 1:100

(b) 平面图

图 2-5　建筑平面图的形成

3. 识读建筑平面图的要点是什么？

①多层房屋的各层平面图，原则上从最下层平面图开始（有地下室时从地下室平面图开始，无地下室时从首层平面图开始）逐层读到顶层平面图，且不能忽视全部文字说明。

②每层平面图先从轴线间距尺寸开始，记住开间、进深尺寸，再看墙厚和柱的尺寸以及它们与轴线的关系，门窗尺寸和位置……宜按先大后小、先粗后细、先主体后装修的步骤阅读，最后可按不同的房间，逐个掌握图纸上表达的内容。

③认真校核各处的尺寸和标高有无注错或遗漏的地方。

④细心核对门窗型号和数量。掌握内装修的各处做法。统计各层所需过梁型号、数量。

⑤将各层的做法综合起来考虑，了解上、下各层之间有无矛盾，以便从各层平面图中逐步树立起建筑物的整体概念，并为进一步阅读建筑专业的立面图、剖面图和详图，以及结构专业图打下基础。

4. 如何识读建筑平面图？

（1）首层平面图的识读 首层平面图的识读如图2-6所示。

①了解平面图的图名、比例及文字说明。

②了解建筑的朝向、纵横定位轴线及编号。

③了解建筑的结构形式。

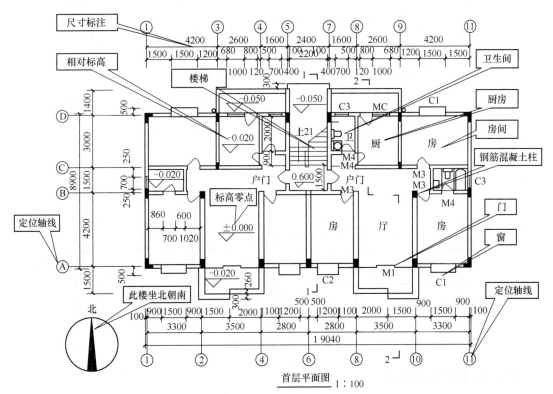

图2-6 首层平面图的识读

④了解建筑的平面布置、作用及交通联系。

⑤了解建筑平面图上的尺寸、平面形状和总尺寸。

⑥了解建筑中各组成部分的标高情况。

⑦了解房屋的开间、进深、细部尺寸。

⑧了解门窗的位置、编号、数量及型号。

⑨了解建筑剖面图的剖切位置、索引标志。

⑩了解各专业设备的布置情况。

（2）其他楼层平面图的识读　其他楼层平面图包括标准层平面图和顶层平面图，其形成与首层平面图的形成相同。标准层平面图上，为了简化作图，已在首层平面图上表示过的内容不再表示。识读标准层平面图时，重点应与首层平面图对照异同。

（3）屋顶平面图的识读　屋顶平面图主要反映屋面上天窗、水箱、铁爬梯、通风道、女儿墙、变形缝等的位置以及采用标准图集的代号，屋面排水分区、排水方向、坡度，雨水口的位置、尺寸等内容。在屋顶平面图上，各种构件只用图例画出，用索引符号表示出详图的位置，用尺寸具体表示构件在屋顶上的位置，如图2-7所示。

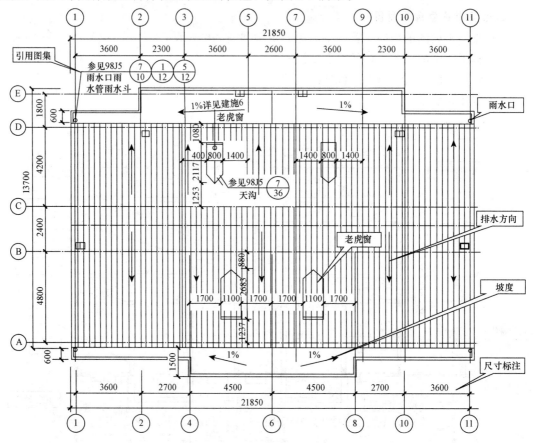

图 2-7　屋顶平面图的识读

七、识读建筑立面图

1. 建筑立面图的基本内容是什么？

①表明建筑的外形及门窗、阳台、雨篷、台阶、花台、门头、勒脚、檐口、雨水管、烟囱、通风道和外楼梯等的形式和位置。

②通常外部在垂直方向标注三条尺寸线：最外一道为室外地坪至檐口上皮（或女儿墙上

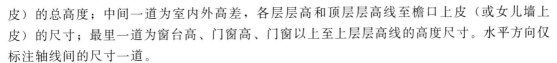

皮）的总高度；中间一道为室内外高差，各层层高和顶层层高线至檐口上皮（或女儿墙上皮）的尺寸；最里一道为窗台高、门窗高、门窗以上至上层层高线的高度尺寸。水平方向仅标注轴线间的尺寸一道。

③通常标注室外地坪、首层地面、各层楼面、顶层结构顶板上皮（坡层顶为屋架支座上皮）、檐口（或女儿墙）和屋脊上皮标高以及外部尺寸不易注明的一些构件的标高等。

④表明并用文字注明外墙各处外装修的材料与做法。

⑤注明局部或外墙详图的索引。

2. 建筑立面图是怎样形成的，有什么作用？

房屋各个立面用正投影方法画出的图形称为建筑立面图，如图 2-8 所示。建筑物的立面图应根据定位轴线编排名称，如①～⑩立面图、Ⓐ～Ⓒ立面图，当房屋的朝向是坐北朝南时，亦可以方向命名，如南立面图等，如图 2-8 所示。

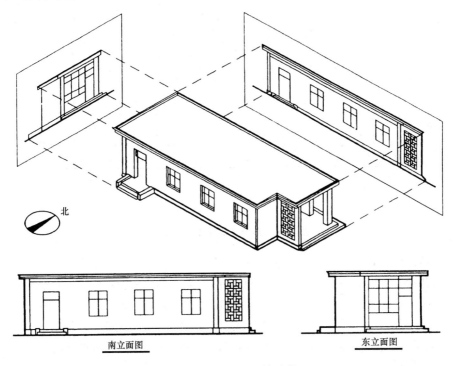

南立面图　　　　　　　东立面图

图 2-8　建筑立面图的形成

从建筑立面图可以看见它的形态大小、门窗外形，以及外墙表面的建筑材料、装饰做法等，如图 2-9 所示。

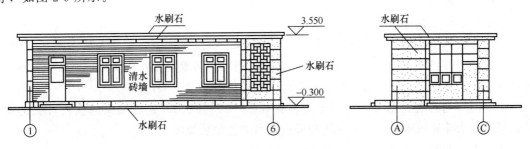

图 2-9　建筑立面图的内容

3. 识读建筑立面图的要点是什么？

①首先应根据图名及轴线编号对照平面图，明确各立面图所表示的内容是否正确。

②在明确各立面图表明的做法基础上，进一步校核各立面图之间有无不交叉的地方，从而通过阅读立面图建立起房屋外形和外装修的全貌。

4. 如何识读建筑立面图？

现以某培训大楼的南立面图（图2-10）为例，对图中内容进行识读。

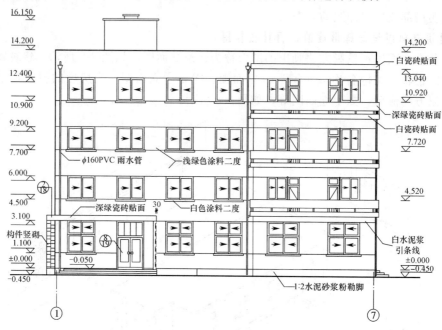

图 2-10　某培训大楼的南立面图

培训大楼的南立面是该建筑物的主要立面。南立面的西端有一主要出入口（大门），进口台阶的东侧设有花台，它的上部设有转角雨篷；转角雨篷下方两侧设有装饰花格。南立面图中表明了南立面上的门窗形式、布置以及它们的开启方向，还表示出外墙勒脚、墙面引条线、雨水管以及东门进口踏步等的位置。屋顶部分表示女儿墙（又称压檐墙）包檐的形式和屋顶上水箱的位置和形状等。南立面东端的二~四层设有阳台，并在四层阳台上方设有雨篷。

八、识读建筑剖面图

1. 建筑剖面图的基本内容是什么？

①图名、比例。

②定位轴线与其尺寸。

③剖切到的屋面（包括隔热层及吊顶）、楼面、室内外地面（包括台阶、明沟及散水等），剖切到的内外墙身与其门、窗（包括过梁、圈梁、防潮层、女儿墙及压顶），剖切到的各种承重梁与连系梁、楼梯梯段与楼梯平台、雨篷与雨篷梁、阳台走廊等。

④未剖切到的可见部分，如可见的楼梯梯段、栏杆扶手、走廊端头的窗；可见的梁、柱；可见的水斗和雨水管；可见的踢脚板和室内的各种装饰等。

⑤垂直方向的尺寸与标高。

⑥详图索引符号。

⑦施工说明等。

某建筑物的剖面图如图 2-11 所示。

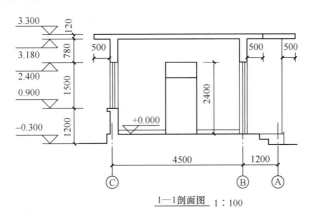

1—1剖面图　1：100

图 2-11　某建筑物的剖面图

2. 建筑剖面图是怎样形成的，可以分为几类？

在画形体的投影时，形体上不可见的轮廓线在投影图上需要用虚线画出。这样，对于内形复杂的形体必然形成虚实线交错，混淆不清，给读图带来不便。长期的生产实践证明，解决这个问题的最好方法，是将假想形体剖开，让它的内部显露出来，使形体的看不见部分变成看得见的部分，然后用实线画出这些形体内部的投影图。

假若用一个（或几个）剖切平面（或曲面）沿形体的某一部分切开，移走剖切面与观察者之间的部分，将剩余部分向投影面投影，所得到的视图叫剖面图，简称剖面。如图 2-12（a）所示物体为一杯形基础，其主视图和左视图中孔洞因被外形遮住而用虚线表示。现假想用一个剖切面 P（正平面）剖切后，移走剖切平面与观察者之间的那部分基础，将剩余的部分基础重新向投影面进行投影，所得投影图叫剖面图，简称剖面，如图 2-12（b）所示的1—1 剖面。由于将形体假想切开，形体内部结构显露出来。在剖面图上，原来不可见的线变成了可见线，而原外轮廓可见的线有部分变成不可见了，此时的不可见线不必画出。

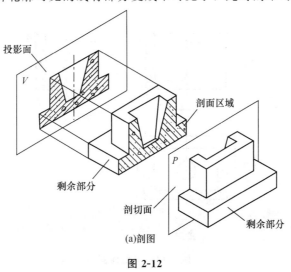

(a)剖图

图 2-12

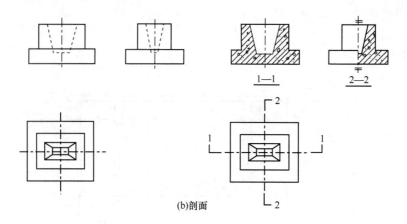

(b)剖面

图 2-12　剖面图的形成

一般情况下剖切面应平行某一投影面，并通过内部结构的主要轴线或对称中心线。必要时也可以用投影面垂直面作剖切面。剖面图的种类包括以下几类。

（1）全剖面图　用剖切面完全剖开形体的剖面图称为全剖面图，简称全剖面，如图 2-13 所示。

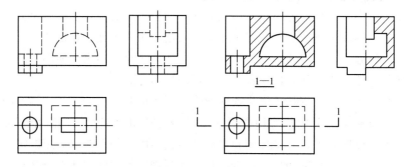

图 2-13　全剖面图

（2）半剖面图　当形体具有对称平面时，向垂直于对称平面的投影面上投影所得的图形，可以以对称中心线为界，一半画成剖面图，一半画成视图，这种剖面图称为半剖面图，简称半剖面，如图 2-14 所示。

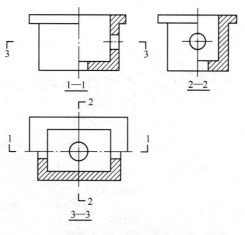

图 2-14　半剖面图

（3）局部剖面图　用剖切面局部地剖开形体所得的剖面图叫做局部剖面图，简称局部剖面。如图 2-15 所示的结构，若采用全剖面不仅不需要，而且画图也麻烦，这种情况宜采用局部剖面。剖切后其断裂处用波浪线分界以示剖切的范围。

（4）斜剖面图　当形体上倾斜部分的内形和外形在基本视图上都不能反映其实形时，可以用平行于倾斜部分且垂直于某一基本投影面的剖切面剖切，剖切后再投射到与剖切面平行的辅助投影面上，以表达其内形和外形。这种不用平行于任何基本投影面的剖切面剖开形体所得到的剖面图称为斜剖面图，简称斜剖图，如图 2-16 所示。

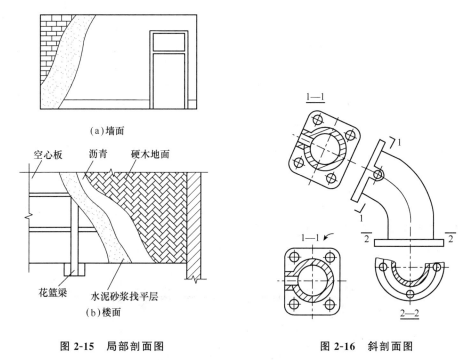

（a）墙面

空心板　沥青　硬木地面

花篮梁　水泥砂浆找平层

（b）楼面

图 2-15　局部剖面图　　　　　　　　图 2-16　斜剖面图

（5）旋转剖面图　用相交的两剖切面剖切形体所得到的剖面图称旋转剖面图，简称旋转剖面，如图 2-17 所示。

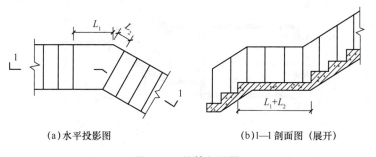

（a）水平投影图　　　　　　（b）1—1 剖面图（展开）

图 2-17　旋转剖面图

（6）阶梯剖面图　有些形体内部层次较多，其轴线又不在同一平面上，要把这些结构形状都表达出来，需要用几个相互平行的剖切面相切。这种用几个相互平行的剖切面把形体剖切开所得到的剖面图称为阶梯剖面图，简称阶梯剖面，如图 2-18 所示。

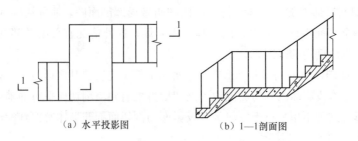

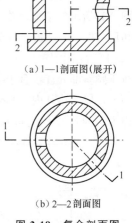

（a）水平投影图　　　（b）1—1剖面图

图 2-18　阶梯剖面图

（a）1—1剖面图（展开）

（b）2—2剖面图

图 2-19　复合剖面图

（7）复合剖面图　当形体内部结构比较复杂，不能单一用上述剖切方法表示形体时，需要将几种剖切方法结合起来使用。一般情况是把某一种剖视与旋转剖视结合，这种剖面图称为复合剖面图，简称复合剖面，如图 2-19 所示。

3. 建筑剖视立面图的要点是什么？

①按照平面图中标明的剖切位置和剖视方向，校核剖面图所标明的轴线号、剖切的部位和内容与平面图是否相一致。

②校对尺寸、标高是否与平面图、立面图相一致；校对剖面图中内装修做法与材料做法表是否一致。在校对尺寸、标高和材料做法中，加深对房屋内部各处做法的整体概念。

4. 如何识读建筑剖面图？

下面以图 2-20（某商住楼 1－1 剖面图）为例来说明建筑剖面图的识读方法。

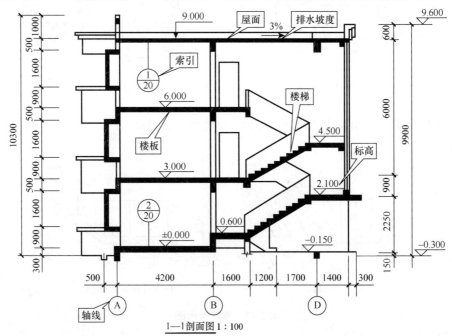

图 2-20　剖面图的识读

①了解图名、比例。

②了解剖面图与平面图的对应关系。

③了解被剖切到的墙体、楼板、楼梯和屋顶。

④了解屋面、楼面、地面的构造层次及做法。

⑤了解屋面的排水方式。

⑥了解可见的部分。

⑦了解剖面图上的尺寸标注。

⑧了解详图索引符号的位置和编号。

九、识读外墙详图

1. 什么是外墙详图？它的作用是什么？

外墙详图也称外墙大样图，是建筑剖面图上外墙体的放大图纸，表达外墙与地面、楼面、屋面的构造连接情况以及檐口、门窗顶、窗台、勒脚、防潮层、散水、明沟的尺寸、材料、做法等构造情况，它是砌墙、室内外装修、门窗安装、编制施工预算以及材料估算等的重要依据。

在多层房屋中，各层构造情况基本相同，可只画墙脚、檐口和中间部分三个节点。门窗一般采用标准图集，为了简化作图，通常采用省略画法，即门窗在洞口处断开。

2. 外墙详图的内容是什么？

（1）墙与轴线的关系　表明外墙厚度、外墙与轴线的关系，在墙厚或墙与轴关系有变化处，都要分别标注清楚。

（2）室内、外地面处的节点　表明基础墙厚度，室外地坪的位置，明沟、散水、台阶或坡道的做法，墙身防潮层的做法，首层地面与暖气槽、罩和暖气管件的做法，勒脚、踢脚板或墙裙的做法，以及首层室内外窗台的做法等。

（3）楼层处的节点　包括从下层窗过梁至本层窗台范围里的全部内容。常包括门窗过梁，雨篷或遮阳板，楼板，圈梁，阳台板和阳台栏板或栏杆，楼面，踢脚板或墙裙，楼层内外窗台，窗帘盒或窗帘杆，顶棚与内、外墙面做法等。当若干层节点相同时，可用一个图纸表示，但应标注出若干层的楼面标高。

（4）各处尺寸与标高的标注　原则上应与立面、剖面图一致并注法相同外，应加注挑出构件的挑出长度的尺寸、挑出构件结构下皮的标高。尺寸与标高的标注总原则通常是：除层高线的标高为建筑面以外（平屋顶顶层层高线常以顶板上皮为准），都宜标注结构面的尺寸标高。

（5）屋顶檐口处的节点　表明自顶层窗过梁到檐口、女儿墙上皮范围里的全部内容。常包括门窗过梁、雨篷或遮阳板、顶层屋顶板或屋架、圈梁、屋面及室内顶棚或吊顶、檐口或女儿墙，屋面排水的天沟、下水口、雨水斗和雨水管，以及窗帘盒或窗帘杆等。

（6）应表达清楚室内、外装修各构造部位的详细做法　某些部位图面比例小不易表达更详细的细部做法时，应标注文字说明或详图索引。

3. 识读外墙详图的要点是什么？

①由于外墙详图能较明确、清楚地表明每项工程绝大部分主体与装修的做法，所以除读懂图面所表达的全部内容之外，还应该认真、仔细地和其他图纸联系阅读，如勒脚以下基础墙做法要与结构专业的基础平面和剖面图联系阅读，楼层与檐口、阳台、雨篷等也应和结构专业的各层顶板结构平面和部位节点图对照阅读，这样就可以加深理解，并从中发现各图纸

之间出现的问题。

②除认真阅读详图中被剖切部分的做法外，对图面表达的未剖切到的可见轮廓线不可忽视，因为一条可见轮廓线可能代表一种材料和做法。

③应反复校核各图中尺寸、标高是否一致，并应与本专业其他图纸或结构专业的图纸反复校核。往往由于设计人员的疏忽或经验不足，致使本专业图纸之间或与其他专业图纸之间在尺寸、标高甚至做法上出现不统一的地方，将会给施工带来很多困难。

4. 如何识读外墙详图？

下面以图 2-21 为例说明建筑外墙详图的识读方法。

①了解墙身详图的图名和比例。

②了解墙脚构造。

③了解中间节点。

④了解檐口部位。

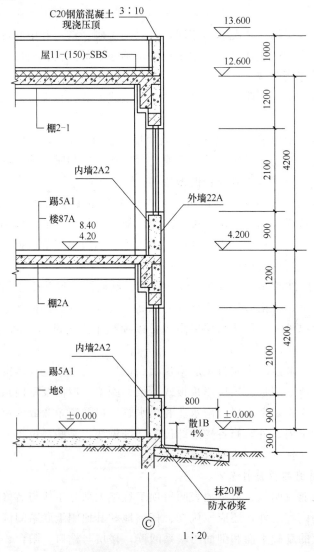

图 2-21　外墙详图的识读

十、识读楼梯详图

1. 楼梯是由哪几部分组成？

楼梯是由楼梯段、休息平台和栏杆或栏板组成（图 2-22）。

楼梯详图一般分建筑详图和结构详图，并分别绘制，分别编入建筑施工图和结构施工图中。当楼梯的构造和装修都比较简单时，也可将建筑详图与结构详图合并绘制，或编入建筑施工图中，或编入结构施工图中。

楼梯详图主要表明楼梯形式、结构类型、楼梯间各部位的尺寸及装修做法，为楼梯的施工制作提供依据。

楼梯建筑详图一般包括楼梯平面图、楼梯剖面图及栏杆或栏板、扶手、踏步大样图等图样。

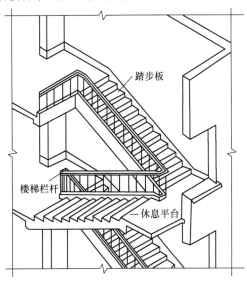

图 2-22　楼梯组成

2. 楼梯详图的作用是什么？

楼梯由梯段（包括踏步和斜梁）、平台（包括平台板和平台梁）和栏板（或栏杆）等部分组成。楼梯的构造比较复杂，一般需要另画详图，以表示楼梯的类型、结构形式、各部位尺寸及装修做法，它是楼梯施工详图的主要依据。

3. 楼梯详图的内容是什么？

楼梯建筑详图由楼梯间平面图（除首层和顶层平面图外，三层以上的房屋如中间各层楼梯做法完全相同时，可画标准层平面图）；剖面图（三层以上的房屋如中间各层楼梯做法完全相同时，也可用一标准层的剖面表明多层，图面应加水平的折断线）；踏步、栏板（或栏杆）、扶手等详图组成。以下用两跑楼梯说明详图内容。

（1）楼梯平面图　各层平面图所表达的内容，习惯上都以本层地面以上到休息板之间所作的水平剖切面为界。如以三层楼房的两跑楼梯为例，且将楼梯跑与休息板自上而下编号时，首层平面图应表示出楼梯第一跑的下半部和第一跑下的隔墙、门、外门和室内、外台阶等。二层平面图应表示出第一跑的上半部，第一个休息板，第二跑、二层楼面和第三跑的下半部。三层平面图应表示出第三跑的上半部、第二个休息板、第四跑和三层楼面。

各层平面图除应注明楼梯间的轴线和编号外，必须注明楼梯跑宽度、两跑间的水平距离、休息板和楼层平台板的宽度及楼梯跑的水平投影长度。还应注有楼梯间墙厚、门和窗等位置尺寸。

各层平面图自各层楼、地面为起点，标明有"上"或"下"字的箭头，以反映出楼梯的走向。图中一般都标有地面、各楼面和休息板面的标高。首层平面图应注有楼梯剖面图的索引。

（2）楼梯剖面图　表明各层楼层和休息板的标高，各楼梯跑的踏步数和楼梯跑数，各构件搭接做法，楼梯栏杆的式样和扶手高度，楼梯间门窗洞口的位置和尺寸等。

（3）楼梯栏杆（栏板）、扶手和踏步详图　表明栏杆（栏板）的式样、高度、尺寸、材料及其与踏步、墙面的搭接方法，踏步及休息板的材料、做法及详细尺寸等。

（4）其他　当建筑结构两专业楼梯详图绘制在一起时，除表明以上建筑方面的内容外，还应表明选用的预制钢筋混凝土各构件的型号和各构件搭接处的节点构造，以及标准构件图集的索引号。

4. 识读楼梯详图的要点是什么？

①根据轴线编号查清楼梯详图和建筑平、立、剖面图的关系。

②楼梯间门窗洞口及圈梁的位置和标高，要与建筑平、立、剖面图和结构图对照阅读。

③当楼梯间地面标高低于首层地面标高时，应注意楼梯间墙身防潮层的做法。

④当楼梯详图建筑、结构两专业分别绘制时，阅读楼梯建筑详图应对照结构图，校核楼梯梁、板的尺寸和标高是否与建筑装修相吻合。

5. 怎样识读楼梯详图？

（1）楼梯平面图的识读步骤（图2-23）

①了解楼梯在建筑平面图中的位置与相关轴线的布置。

②了解楼梯的平面形式、踏步尺寸、楼梯的走向与上下行的起步位置。

③了解楼梯间的开间、进深、墙体的厚度。

④了解楼梯和休息平台的平面形式、位置，踏步的宽度和数量。

⑤了解楼梯间各楼层平台、梯段、楼梯井和休息平台面的标高。

⑥了解中间层平面图中三个不同梯段的投影。

⑦了解楼梯间墙、柱、门、窗的平面位置、编号和尺寸。

⑧了解楼梯剖面图在楼梯底层平面图中的剖切位置。

（2）楼梯剖面图的识读步骤（图2-24）

①了解楼梯的构造形式。

②了解楼梯在竖向和进深方向的有关尺寸。

③了解楼梯段、平台、栏杆、扶手等的构造和用料说明。

④了解被剖切梯段的踏步级数。

⑤了解图中的索引符号。

（3）楼梯节点详图的识读　楼梯节点详图主要表达楼梯栏杆、踏步、扶手的做法，如果采用标准图集，则直接引注标准图集代号；如果采用的形式特殊，则用1∶10、1∶5、1∶2或1∶1的比例详细表示其形状、大小、所采用材料以及具体做法，如图2-25所示。

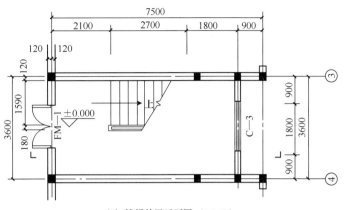

(a) 楼梯首层平面图 (1:50)

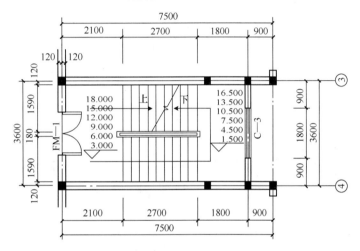

(b) 楼梯标准层平面图 (1:50)

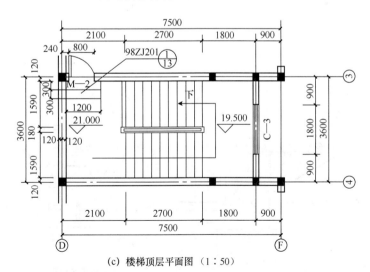

(c) 楼梯顶层平面图 (1:50)

图 2-23 楼梯平面图

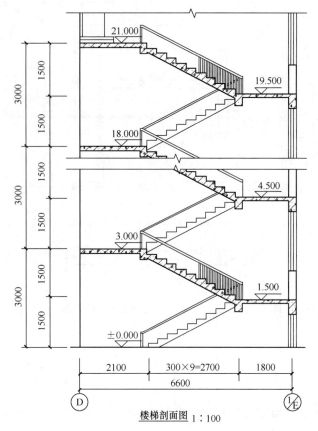

楼梯剖面图 1:100

图 2-24　楼梯剖面图

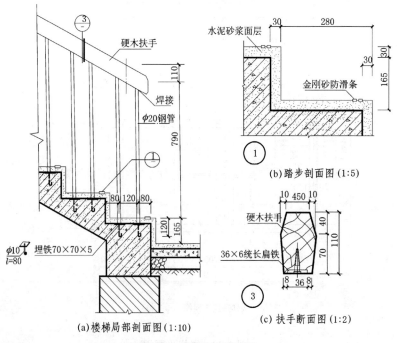

(a)楼梯局部剖面图(1:10)

(b)踏步剖面图 (1:5)

(c)扶手断面图(1:2)

图 2-25　楼梯节点详图

十一、识读部分室内详图

1. 门窗可分为哪几类？它的构造是什么？

①门因材料不同可分为木门、钢门、铝合金门和塑料门等；按开启方式分为平开门、弹簧门、推拉门、折叠门、旋转门、翻板门和卷帘门。门的组成结构名称如图 2-26 所示。

②窗因材料不同可分为木窗、钢窗、铝合金窗和 PVC 塑料窗等；如以开启方式的不同来分，则有固定窗、平开窗、上悬窗、中悬窗、下悬窗及推拉窗等多种形式；如按用途的不同，可分为天窗、老虎窗、双层窗、百叶窗和眺望窗等。窗的组成结构名称如图 2-27 所示。

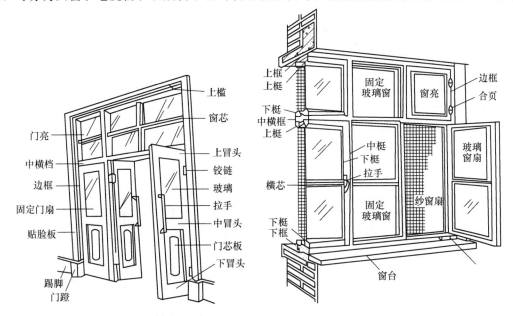

图 2-26　门的组成结构名称　　　　图 2-27　窗的组成结构名称

2. 门窗的主要作用是什么？

门的主要作用是人们进出房间和室内外的通行口，同时也兼有采光和通风的作用；门的形式对建筑立面装饰也起着一定的作用。

窗的主要作用是采光、通风、观看风景等。自然采光是节能的最好措施，一般民用建筑主要依靠窗进行自然采光，依靠开窗进行通风，除此之外窗对建筑立面装饰也起着一定的作用。

门和窗位于外墙上时，作为建筑物外墙的组成部分，对于建筑立面装饰和造型起着非常重要的作用。

窗的散热量约为围护结构散热量的 2～3 倍，所以窗口面积越大，散热量也就越大。为了减少散热量和节能，窗的选材以及采用单层窗或是双层窗都很重要。

3. 怎样对门窗进行布置？

（1）门的布置　两个相邻并经常开启的门，应避免开启时相互碰撞。

门开向不宜朝西或朝北，以减少冷风对室内环境的影响。住宅内门的位置和开启方向应结合家具的布置来考虑。

向外开启的平开外门，应采取防止风吹碰撞的措施。如将门退进墙洞，或设门挡风钩等固定措施，并应避免开足时与墙垛腰线等突出物碰撞。

经常出入的外门宜设雨篷或雨罩，楼梯间外门雨篷下如设吸顶灯时，应防止被门扉碰碎。门框立口宜立墙里口（内开门）、墙外口（外开门），也可立中口（墙中）以适应装修、连接的要求。

凡无间接采光通风要求的套间内门，不需设上亮子，也不需设纱扇。

变形缝外不得利用门框来盖缝，门扇开启时不得跨缝。

（2）窗的布置　楼梯间外窗应考虑各层圈梁走向，避免冲突。作内开扇时，开启后不得在人的高度以内突出墙面。

窗台高度由工作面需要而定，一般不应该低于工作面（不低于900mm）。如窗台过高或上部开启时，应考虑开启方便，必要时加设开闭设施。当高度低于800mm时，需有防护措施。窗前有阳台或大平台时可以除外。

需做暖气片时，窗台板下净高、净宽需满足暖气片及阀门操作空间的需要。

错层住宅屋顶不上人处，尽量不设窗，如因采光或检修需设窗时，应有可锁启的铁栅栏，以免儿童上屋顶发生事故，并可以减少屋面损坏及相互串通。

4. 如何识读门窗详图？

下面以木门窗为例，说明门窗详图的识读要点（图 2-28）。

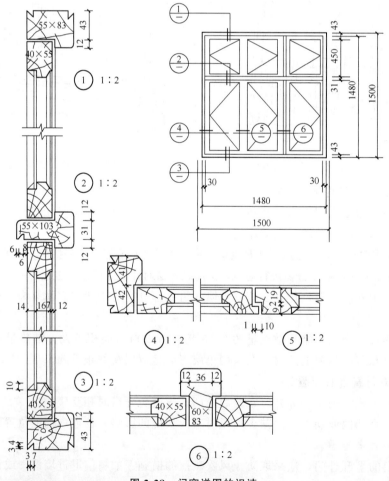

图 2-28　门窗详图的识读

①从窗的立面图上了解窗的组合形式及开启方式。

②从窗的节点详图中还可了解到各节点窗框、窗扇的组合情况及各木料的用料断面尺寸和形状。

③门窗的开启方式由开启线决定，开启线有实线和虚线两种。

④目前设计时常选用标准图册中的门窗，一般是用文字代号等说明所选用的型号，而省去门窗详图。此时，必须找到相应的标准图册，才能完整地识读该图。

5. 如何识读厕所、盥洗室、浴室、卫生间和厨房等详图？

由于这些房间一般面积不大，其中布置的固定设备较多（如坐便器、脸盆、浴盆、厕浴、隔断、水池、炊具及排气罩和通风管道等），管道多，所以，常将这些房间的平面图放大，必要时还画有剖面图，才能将这些房间的做法表示清楚。读图时要注意核对轴线编号、墙厚和位置、门窗位置等是否与建筑平面图一致，还应校对有关这些房间的建筑、结构、设备图纸中预留孔、洞的位置与大小有没有矛盾，如图 2-29 所示。

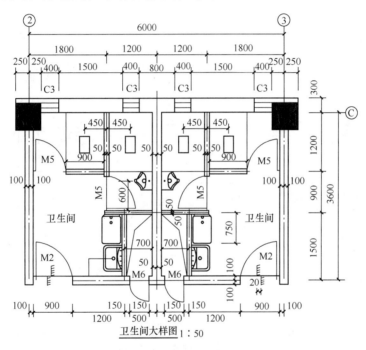

图 2-29　卫生间平面图

十二、识读装饰工程施工图

1. 平面布置图的基本内容是什么？

①表明装饰空间的平面形状与尺寸。建筑物在装饰平面图中的平面尺寸可分为三个层次，即外包尺寸、各房间的净空尺寸及门窗、墙垛和柱体等的结构尺寸。有的为了与主体建筑图相对应，还标出建筑物的轴线及其尺寸关系，甚至还标出建筑的柱位编号等。

②表明装饰结构在建筑空间内的平面位置，及其与建筑结构的相互尺寸关系；表明装饰结构的具体平面轮廓及尺寸；表明地（楼）面等的饰面材料和工艺要求。

③表明各种装饰设置及家具安放的位置，与建筑结构的相互关系尺寸，并说明其数量、

规格和要求。

④表明与此平面图相关的各立面图的视图投影关系和视图的位置编号。

⑤表明各剖面图的剖切位置，详图及通用配件等的位置和编号。

⑥表明各房间的平面形式、位置和功能；走道、楼梯、防火通道、安全门、防火门等人员流动空间的位置和尺寸。

⑦表明门、窗的位置尺寸和开启方向。

⑧表明台阶、水池、组景、踏步、雨篷、阳台及绿化等设施和装饰小品的平面轮廓与位置尺寸。图 2-30 所示为一会议室平面布置图。

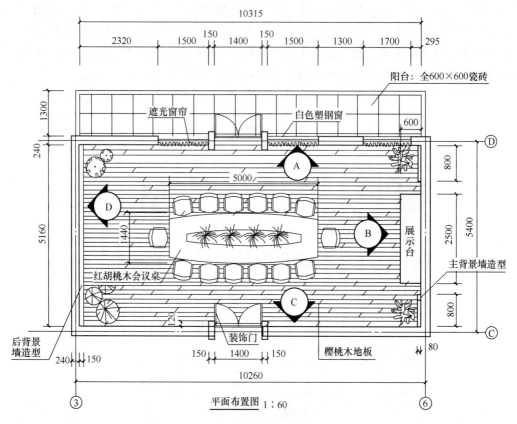

图 2-30　会议室平面布置图

2. 平面布置图的识读要点是什么？

装饰平面图在装饰施工图中是首要的图纸，其他图纸的绘制顺序、空间位置、装饰构造尺寸等均依据装饰平面图而定。为此，识读装饰工程施工图也与识读建筑施工图一样，应先看装饰施工平面图。其识读要点如下。

①首先看标题栏，认定是何种平面图，进而把整个装饰空间的各房间名称、面积及门窗、走道等主要位置尺寸了解清楚。

②通过对各房间及其他分隔空间种类、名称及主要功能的了解，明确为满足功能要求所设置的设备与设施的种类、数量等，从而制订相关的购买计划。

③通过图中对饰面的文字标注，确认各装饰面的构成材料的种类、品牌和色彩要求；了解饰面材料间的衔接关系。

④对于平面图上的纵横大小尺寸关系，应注意区分建筑尺寸和装饰设计尺寸；在装饰设计尺寸中，要查清其中的定位尺寸、外形尺寸和构造尺寸。定位尺寸是确定装饰面或装饰物体在装饰空间平面上位置的依据，定位尺寸的基准多是建筑结构面。外形尺寸即是装饰面或装饰物体在平面上的外轮廓形状尺寸。构造尺寸是指组成装饰面或装饰物的各构件及其相互关系的尺寸，由此可确定各种装饰材料的规格尺寸以及材料之间与主体结构之间的连接固定方式与方法。

⑤通过图纸上的投影符号，明确投影面编号和投影方向，并进一步查出各投影方向立面图（即投影视图）。

⑥通过图纸上的剖切符号，明确剖切位置及其剖切后的投影方向，进而查阅相应的剖面图或构造节点详图。

3. 怎样识读顶棚平面图？

用一个假想的水平剖切平面，沿需装饰房间的门窗洞口处作水平全剖切，移去下面部分，对剩余的上面部分所做的镜像投影，就是顶棚平面图。顶棚平面图用于反映顶棚范围内的装饰造型及尺寸；反映顶棚所用的材料规格、灯具灯饰、空调风口及消防报警等装饰内容及设备的位置等。图2-31所示为某会议室顶棚平面图。

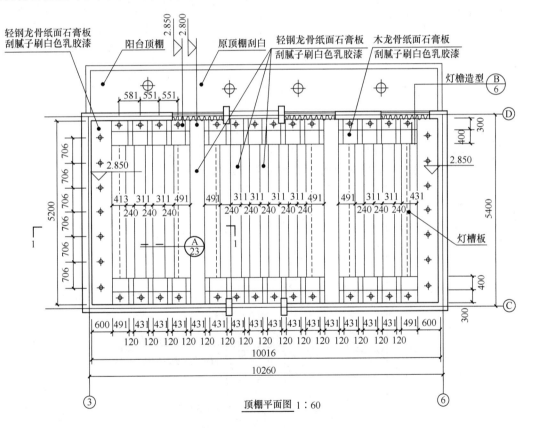

图2-31　会议室顶棚平面图

顶棚装饰平面图所表示的基本内容如下：
①标明顶棚装饰造型平面形式和尺寸；
②说明顶棚装饰所用材料的种类及规格；

③标明灯具的种类、规格及布置的形式和安装位置；

④标明空调送风口、消防自动报警系统和与吊顶有关的音响等设施的布置形式与安装位置；

⑤对于需要另设剖视图或构造详图的顶棚平面图，应标明剖切位置和剖切面编号；

⑥顶棚平面图的识读与上述装饰施工平面图一样，需掌握面积和装饰造型尺寸、饰面特点以及吊顶上的各种设施的位置等关系尺寸，熟悉顶棚的构造方式方法，同时应对现场进行勘察。

4. 怎样识读装饰剖面图和构造节点图？

装饰剖面图是将装饰面（或装饰体）整体剖开（或局部剖开）后，得到的反映内部装饰结构与饰面材料之间关系的正投影图。图 2-32 为某酒店标准客房剖面图。

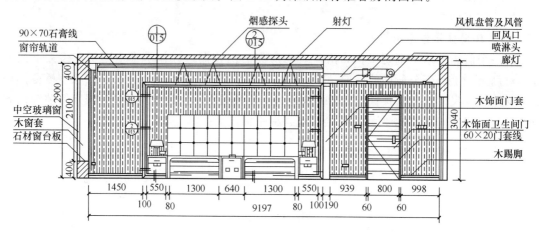

图 2-32　某酒店标准客房剖面图

节点详图是前面所述各种图纸中未明之处，用较大的比例画出的用于施工图的图纸（也称作大样图）。图 2-33 所示为某酒店标准客房窗帘盒节点详图。

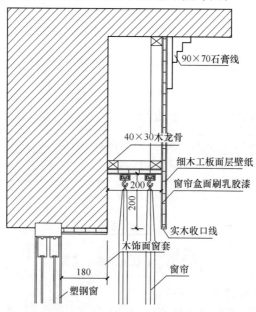

图 2-33　某酒店标准客房窗帘盒节点详图

（1）装饰剖面图和构造节点图的基本内容

①标明装饰面或装饰造型的结构和构造形式、材料组成及连接与支承构件的相互关系。

②标明重要部位的装饰构件和配件的详细尺寸、工艺做法和施工要求。

③标明装饰构造与建筑主体结构之间的连接方式及衔接尺寸。

④标明饰面之间的拼接方式及封边、盖缝、收口和嵌条等工艺处理的详细做法与尺寸要求。

⑤标明装饰面上的设备安装方式或固定方法以及设备与装饰面的收口、收边形式。

（2）装饰剖面图和构造节点图的识读要点

①结合装饰平面图和装饰立面图，首先了解剖面图与节点图是源自何部位的剖切，找出相对应的剖切符号或节点编号。

②通过对剖面图和节点图中所示内容的研究和熟悉，进而明确装饰工程各重要部位或在其他图纸上难以标明的关键性的细部做法。

③由于装饰工程的工程特点和施工特点，表示其细部做法的图纸往往较为复杂，尤其是不能像土建和安装工程图那样可以广泛地运用国标、省标及地标等标准图册，所以要求施工人员在工程施工前及施工过程中不断核查图纸，特别是剖面图与节点图，严格照图操作，以保证施工质量。

5. 怎样识读装饰立面图？

将建筑物装饰的外观墙面或内部墙面向铅直的投影面所作的正投影图就是装饰立面图。

（1）装饰立面图的基本内容

①使用相对标高，以室内地坪为基准进而标明装饰立面有关部位的标高尺寸。

②标明装饰吊顶高度及其跌级造型的构造关系和尺寸。

③标明墙面装饰造型的构造方式，并标明所需装饰材料及施工工艺要求。

④标明墙、柱等各立面的所用设备及其位置尺寸和规格尺寸。

⑤标明墙、柱等立面与吊顶的衔接收口形式。

⑥标明门、窗、隔墙或隔断等设施的高度尺寸和安装尺寸。

⑦标明景园组景及其他艺术造型形体的高低错落位置尺寸。

⑧标明建筑结构与装饰结构的连接方式与衔接方法及其相应尺寸。

（2）装饰立面图的识读要点

①明确地面标高、楼面标高、楼梯平台及室外台阶标高等与该装饰工程有关的标高尺寸。

②清楚了解每个立面上有几种不同的装饰面，这些装饰面所选用的材料及施工工艺要求。

③立面上各装饰面之间的衔接收口较多时，应熟悉其造型方式、工艺要求及所用材料。

④应读懂装饰构造与建筑结构的连接方式和固定方法，明确各种预埋件或紧固件的种类和数量。

⑤要注意有关装饰设置或固定设施在墙体上的安装位置，如需留位者，应明确预留位置和尺寸。

⑥根据装饰工程规模的大小，一项工程往往要有多幅立面图才可满足施工的要求，这些立面图的视点编号均于装饰施工平面图上标出，图2-34和图2-35所示均为会议室装饰工程

的立面图，用以反映室内不同立面的各自做法。

因此，装饰立面图的识读，需与平面图结合查对，细心地进行相对应的分析研究，进而再结合其他图纸逐项审核，才能掌握装饰立面的具体施工要求。

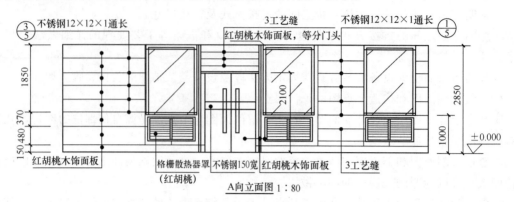

图 2-34 装饰立面图（一）

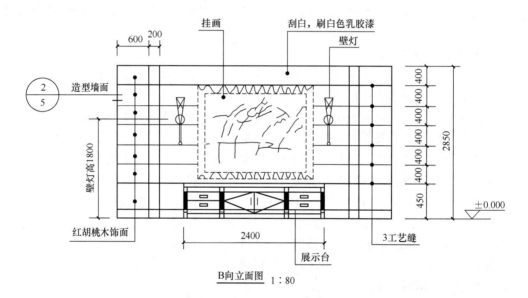

图 2-35 装饰立面图（二）

第三章 结构施工图的识读

一、结构施工图的内容和作用

1. 结构施工图的内容是什么？

结构施工图包括以下内容。

（1）结构设计说明 结构设计说明是带全局性的文字说明，内容包括抗震设防与防火要求；材料的选型、规格、强度等级、地基情况、施工注意事项、选用标准图集等。

（2）结构平面布置图 结构平面布置图包括基础平面图、楼层结构平面布置图、屋面结构平面图等。

（3）构件详图 构件详图内容包括梁、板、柱及基础结构详图，楼梯结构详图，屋架结构详图和其他详图。

2. 结构施工图的作用是什么？

除了建筑施工图外，结构施工图是一整套施工图中的第二部分，它主要表达的是建筑物的承重构件（如基础、承重墙、柱、梁、板、屋架、屋面板等）的布置、形状、尺寸大小、数量、材料、构造及其相互关系。

在结构施工图中一般包括图纸目录、结构设计总说明、基础平面图、楼层结构平面图、构件详图和节点详图等，也可将构件详图和节点详图合并为一类，称为结构详图。

施工图纸的编排顺序一般是全局性图纸在前，局部的图纸在后；重要的在前，次要的在后；先施工的在前，后施工的在后。

二、识读施工图的基本要领与表示方法

1. 识读施工图的基本要领是什么？

（1）由大到小，由粗到细 在识读建筑工程施工图时，应先识读总平面图和平面图，然后结合立面图和剖面图的识读，最后识读详图。

在识读结构施工图时，首先应识读结构平面布置图，然后识读构件图，最后才能识读构件详图或断面图。

（2）仔细识读设计说明或附注 在建筑工程施工图中，对于拟建建筑物中一些无法直接用图形表示，而又直接关系到工程的做法及工程质量的内容，往往以文字要求的形式在施工图中适当的页次或某一张图纸中适当的位置表达出来。显然，这些说明或附注同样是图纸中的主要内容之一，不但必须看，而且必须看懂并且认真、正确地理解。例如建筑施工图中墙体所用的砌块，正常情况下均不会以图形的形式表示其大小和种类，更不可能表示出其强度等级，只好在设计说明中以文字形式来表述。再如，在结构施工图中，楼板图纸中的分布筋，同样无法在图中画出，只能以附注的形式表达于同一张施工图中。

（3）牢记常用图例和符号 在建筑工程施工图中，为了表达的方便和简捷，也让识读人员一目了然，在图纸绘制中有很多内容采用符号或图例来表示。因此，识读人员务必牢记常用的图例和符号，这样才能顺利地识读图纸，避免识读过程中出现"语言"障碍。施工图中

常用的图例和符号是工程技术人员的共同语言或组成这种语言的字符。

（4）注意尺寸及其单位　在图纸中的图形或图例均有其尺寸，尺寸的单位为米（m）和毫米（mm）两种。除了图纸中的标高和总平面图中的尺寸以 m 为单位外，其余的尺寸均以 mm 为单位；且对于以 m 为单位的尺寸，在图纸中尺寸数字的后面一律不加注单位，共同形成一种默认。

（5）不得随意变更或修改图纸　在识读施工图过程中，若发现图纸设计或表达不全甚至是错误时，应及时准确地作出记录，但不得随意地变更设计，或轻易地加以修改。对有疑问的地方或内容可以保留意见，在适当的时间，向有关人员提出设计图纸中存在的问题或合理的建议，并及时与设计人员协商解决。

2. 结构施工图中常用构件代号有哪些？

结构施工图是根据设计的结果绘制而成的图样。它是构件制作、安装和指导施工的重要依据。在结构施工图中是用构件代号来表示构件的名称，常用构件代号见表3-1。

表3-1　常用构件代号

序号	名称	代号	序号	名称	代号
1	板	B	22	基础梁	JL
2	屋面板	WB	23	楼梯梁	TL
3	空心板	KB	24	框架梁	KL
4	槽型板	CB	25	框支梁	KZL
5	折板	ZB	26	屋面框架梁	WKL
6	密肋板	MB	27	檩条	LT
7	楼梯板	TB	28	屋架	WJ
8	盖板或沟盖板	GB	29	托架	TJ
9	挡雨板或檐口板	YB	30	天窗架	CJ
10	起重机安全走道板	DB	31	框架	KJ
11	墙板	QB	32	刚架	GJ
12	天沟板	TGB	33	支架	ZJ
13	梁	L	34	柱	Z
14	屋面梁	WL	35	框架柱	KZ
15	吊车梁	DL	36	构造柱	GZ
16	单轨吊车梁	DDL	37	承台	CT
17	轨道连接	DGL	38	设备基础	SL
18	车挡	CD	39	桩	ZH
19	圈梁	QL	40	挡土墙	DQ
20	过梁	GL	41	地沟	DQ
21	连系梁	LL	42	柱间支撑	ZC

序号	名称	代号	序号	名称	代号
43	垂直支撑	CC	49	预埋件	M
44	水平支撑	SC	50	天窗端壁	TD
45	梯	T	51	钢筋网	W
46	雨篷	YP	52	钢筋骨架	G
47	阳台	YT	53	基础	J
48	梁垫	LD	54	暗柱	AZ

3. 如何表示常用的钢筋?

钢筋的表示法见表3-2。

表 3-2　钢筋的表示法

序号	名称	图例	说明
1	钢筋横断面	•	—
2	无弯钩的钢筋端部		下图表示长、短钢筋投影重叠时,短钢筋的端部用45°斜线表示
3	带半圆形弯钩的钢筋端部		—
4	带直钩的钢筋端部		—
5	带螺纹的钢筋端部		—
6	无弯钩的钢筋搭接		—
7	带半圆弯钩的钢筋搭接		—
8	带直钩的钢筋搭接		—
9	花篮螺丝钢筋接头		—
10	机械连接的钢筋接头		用文字说明机械连接的方式(如冷挤压或直螺纹等)

4. 如何表示钢筋的配置方式？

钢筋的配置方式见表3-3。

表3-3　钢筋的配置方式

序号	说明	图例
1	在结构平面图中配置双层钢筋时，底层钢筋的弯钩应向上或向左，顶层钢筋的弯钩则向下或向右	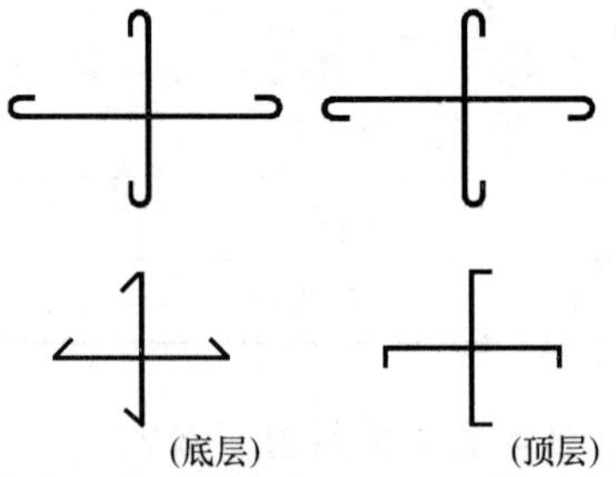 （底层）　　　（顶层）
2	钢筋混凝土墙体配双层钢筋时，在配筋立面图中，远面钢筋的弯钩应向上或向左，而近面钢筋的弯钩应向下或向右（JM近面，YM远面）	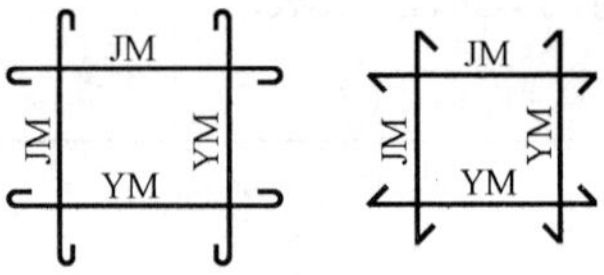
3	若在断面图中不能表达清楚的钢筋布置，应在断面图外增加钢筋大样图（如钢筋混凝土墙、楼梯等）	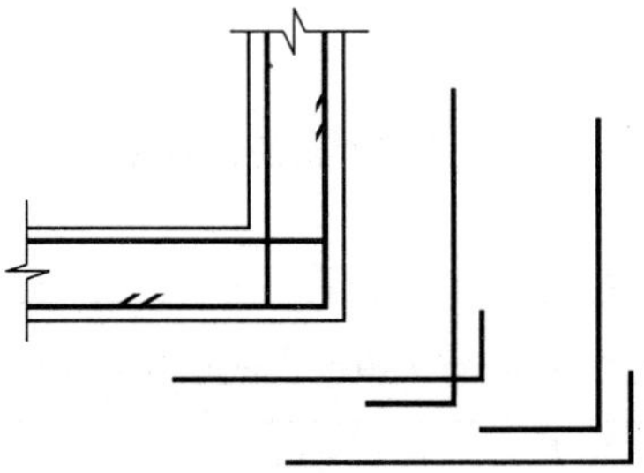
4	图中所表示的箍筋、环筋等若布置复杂时，可加画钢筋大样及说明	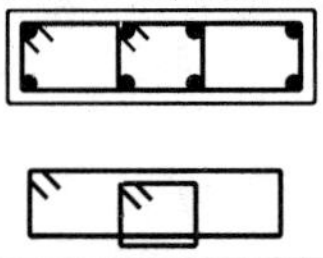
5	每组相同的钢筋、箍筋或环筋，可用一根粗实线表示，同时用一两端带斜短划线的横穿细线，表示其余钢筋及起止范围	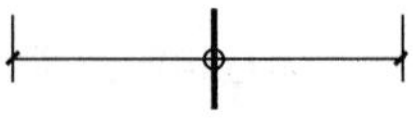

5. 钢筋焊接接头标注方法有哪些？

钢筋焊接接头标注方法见表3-4。

表3-4　钢筋焊接接头标注方法

序号	名称	接头形式	标注方法	序号	名称	接头形式	标注方法
1	单面焊接的钢筋接头			2	双面焊接的钢筋接头		

序号	名称	接头形式	标注方法	序号	名称	接头形式	标注方法
3	用帮条单面焊接的钢筋接头	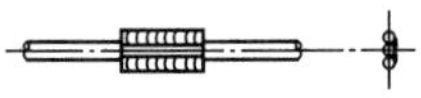	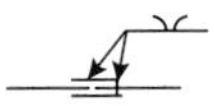	6	坡口平焊的钢筋接头	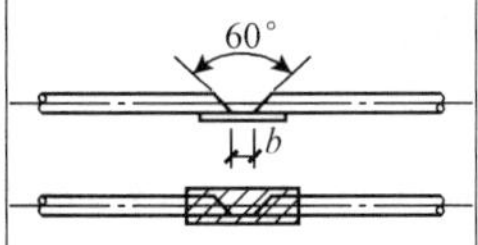 60° b	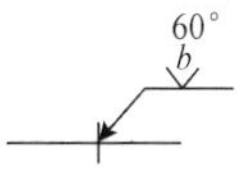 60° b
4	用帮条双面焊接的钢筋接头	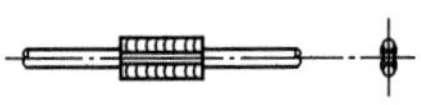	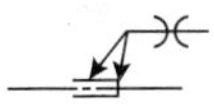	7	坡口立焊的钢筋接头	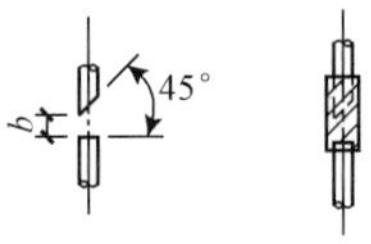 45° b	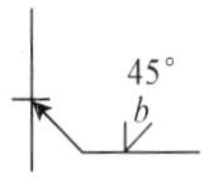 45° b
5	接触对焊（闪光焊）的钢筋接头						

三、预埋件、预埋孔洞的表示方法

1. 预埋件的表示法有哪些？

如图 3-1（a）、（b）所示，引出线指向预埋件，在引出线的横线上标注预埋件的代号；当在钢筋混凝土构件的正、反面同一位置均设置相同的预埋件时，其标注方法如图 3-1（c）所示，即引出线为一条实线和一条虚线，并均指向预埋件，且在引出横线上标注预埋件的数量和代号；当在钢筋混凝土构件的正、反面同一位置设置编号不同的预埋件时，其标注方法如图 3-1（d）所示，引出线仍为两条，其中一条为实线，另一条为虚线，并均指向预埋件；在引出横线上方标注正面预埋件的代号，在引出横线下方标注反面预埋件的代号。

2. 预留孔洞或预埋套管设置的表示法有几种？

在钢筋混凝土构件中，孔洞的预留或套管的预埋是常有之事，其表示方法如图 3-2 所示。用引出线指向预留或预埋的位置，在引出横线上方标注预留孔洞的尺寸大小或预埋套管的外径，在引出横线的下方标注孔洞或套管的中心标高或底标高。

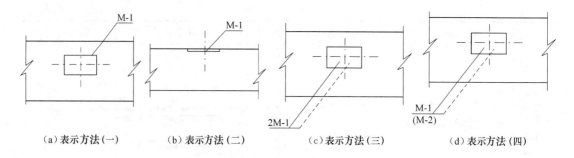

（a）表示方法（一）　　（b）表示方法（二）　　（c）表示方法（三）　　（d）表示方法（四）

图 3-1　预埋件的表示方法

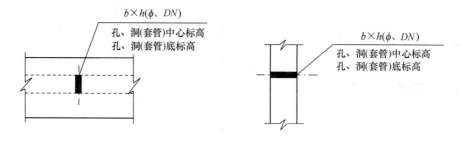

图 3-2　预埋件的表示法

四、受拉钢筋与混凝土的构造类别

1. 受拉钢筋锚固长度的构造有什么要求?

当结构设计中充分利用钢筋的抗拉强度时，受拉钢筋的基本锚固长度按下式计算：

$$l_{ab} = \alpha \frac{f_y}{f_t} d$$

式中　f_y——普通钢筋抗拉强度设计值;

　　　f_t——混凝土轴心抗拉强度设计值;

　　　α——钢筋的外形系数，HPB300 取 0.16，带肋钢筋取 0.14;

　　　d——钢筋直径。

为方便设计及施工人员，将受拉钢筋的最小锚固长度编列成表，以备查阅。表 3-5 为受拉钢筋基本锚固长度;表 3-6 和表 3-7 为受拉钢筋锚固长度 l_a、抗震锚固长度 l_{aE} 及锚固长度修正系数。

表 3-5　受拉钢筋基本锚固长度 l_{ab}、l_{abE}

钢筋种类	抗震等级	混凝土强度等级								
		C20	C25	C30	C35	C40	C45	C50	C55	≥C60
HPB300	一、二级（l_{abE}）	45d	39d	35d	32d	29d	28d	26d	25d	24d
	三级（l_{abE}）	41d	36d	32d	29d	26d	25d	24d	23d	22d
	四级（l_{abE}）	39d	34d	30d	28d	25d	24d	23d	24d	23d
	非抗震（l_{ab}）									

钢筋种类	抗震等级	混凝土强度等级								
		C20	C25	C30	C35	C40	C45	C50	C55	≥C60
HRB335、HRBF335	一、二级（l_{abE}）	44d	38d	33d	31d	29d	26d	25d	24d	24d
	三级（l_{abE}）	40d	35d	31d	28d	26d	24d	23d	22d	22d
	四级（l_{abE}）	38d	33d	29d	27d	25d	23d	22d	21d	21d
	非抗震（l_{ab}）									
HRB400、HRBF400、RRB400	一、二级（l_{abE}）	—	46d	40d	37d	33d	32d	31d	30d	29d
	三级（l_{abE}）	—	42d	37d	34d	30d	29d	28d	27d	26d
	四级（l_{abE}）	—	40d	35d	32d	29d	28d	27d	26d	25d
	非抗震（l_{ab}）									
HRB500、HRBF500	一、二级（l_{abE}）	—	55d	49d	45d	41d	39d	37d	36d	35d
	三级（l_{abE}）	—	50d	45d	41d	38d	36d	34d	33d	32d
	四级（l_{abE}）	—	48d	43d	39d	36d	34d	32d	31d	30d
	非抗震（l_{ab}）									

表 3-6 受拉钢筋锚固长度 l_a、抗震锚固长度 l_{aE}

非抗震	抗震	注：1. l_a 不应小于 200mm。
$l_a = \zeta_a l_{ab}$	$l_{aE} = \zeta_{aE} l_a$	2. 锚固长度修正系数 ζ_a 按表 3-7 取用，当多于一项时，可按连乘计算，但不应小于 0.6。 3. ζ_{aE} 为抗震锚固长度修正系数，对于一、二级抗震等级取 1.15，对三级抗震等级取 1.05，对于四级抗震等级取 1.00

表 3-7 受拉钢筋锚固长度修正系数 ζ_a

锚固条件	ζ_a	说明
带肋钢筋的公称直径大于 25mm	1.10	—
环氧树脂涂层带肋钢筋	1.25	
施工过程中易受扰动的钢筋	1.10	
锚固区保护层厚度	3d/0.80	中间时按内插值，d 为锚固钢筋直径
	5d/0.70	

注：1. HPB300 级钢筋末端应做 180°弯钩，弯后平直段长度不应小于 3d，但作为受压钢筋时可不做弯钩。

    2. 当锚固钢筋的保护层厚度不大于 5d 时，锚固钢筋长度范围内应设置横向构造钢筋，其直径不应小于 $d/4$（d 为锚固钢筋的最大直径）；对梁、柱等构件间距不应大于 5d，对板、墙等构件间距不应大于 10d，且均不应大于 100mm（d 为锚固钢筋的最小直径）。

2. 纵向受拉钢筋绑扎搭接长度 l_{lE}、l_l 的构造有什么要求？

纵向受拉钢筋绑扎搭接长度 l_{lE}、l_l 的构造要求见表 3-8。

表 3-8 纵向受拉钢筋绑扎搭接长度 l_{lE}，l_l 的构造要求

纵向受拉钢筋绑扎搭接长度 l_{lE}，l_l	
抗震	非抗震
$l_{lE} = \zeta l_{aE}$	$l_l = \zeta l_a$

注：1. 当不同直径的钢筋搭接时，其 l_{lE} 与 l_l 值按较小直径计算。

    2. 在任何情况下 l_l 不得小于 300mm。

    3. 表中 ζ 为搭接长度修正系数，取值见表 3-9。

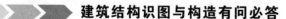

表 3-9　受拉钢筋搭接长度修正系数 ζ

纵向受拉钢筋搭接长度修正系数 ζ			
纵向钢筋搭接接头 面积百分率/%	≤25	50	100
ζ	1.2	1.4	1.6

3. 混凝土结构的环境分为哪些类别?

混凝土结构的环境类别见表 3-10。

表 3-10　混凝土结构的环境类别

环境类别	条件
一	室内干燥环境; 无侵蚀性静水浸没环境
二 a	室内潮湿环境; 非严寒和非寒冷地区的露天环境; 非严寒和非寒冷地区与无侵蚀性的水或土壤直接接触的环境; 严寒和寒冷地区的冰冻线以下与无侵蚀性的水或土壤直接接触的环境
二 b	干湿交替环境; 水位频繁变动环境; 严寒和寒冷地区的露天环境; 严寒和寒冷地区冰冻线以上与无侵蚀性的水或土壤直接接触的环境
三 a	严寒和寒冷地区冬季水位变动环境; 受除冰盐影响环境; 海风环境
三 b	盐渍土环境; 受除冰盐作用环境; 海岸环境
四	海水环境
五	受人为或自然的侵蚀性物质影响的环境

4. 混凝土保护层最小厚度的构造要求是什么?

混凝土保护层的最小厚度见表 3-11。

表 3-11　混凝土保护层的最小厚度　　　　　　　单位:mm

环境类别	板、墙	梁、柱
一	15	20
二 a	20	25
二 b	25	35

续表

环境类别	板、墙	梁、柱
三 a	30	40
三 b	40	50

注：1. 表中混凝土保护层厚度指最外层钢筋外边缘至混凝土表面的距离，适用于设计使用年限为 50 年的混凝土结构。

2. 构件中受力钢筋的保护层厚度不应小于钢筋的公称直径。

3. 设计使用年限为 100 年的混凝土结构，一类环境中，最外层钢筋的保护层厚度不应小于表中数值的 1.4 倍；二、三类环境中，应采取专门的有效措施。

4. 混凝土强度等级不大于 C25 时，表中保护层厚度数值应增加 5mm。

5. 基础底面钢筋的保护层厚度，有混凝土垫层时应从垫层顶面算起，且不应小于 40mm。

5. 纵向钢筋弯钩及机械锚固的构造形式有哪些？

纵向钢筋的弯钩及机械锚固的构造形式如图 3-3 所示。

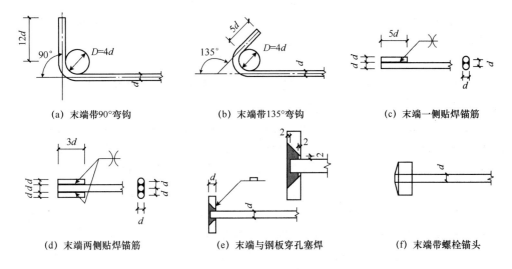

(a) 末端带90°弯钩　　　　(b) 末端带135°弯钩　　　　(c) 末端一侧贴焊锚筋

(d) 末端两侧贴焊锚筋　　　(e) 末端与钢板穿孔塞焊　　　(f) 末端带螺栓锚头

图 3-3　纵向钢筋弯钩及机械锚固的构造形式

D—弯弧内直径；d—钢筋直径

注：1. 当纵向受拉普通钢筋末端采用弯钩或机械锚固措施时，包括弯钩或锚固端头在内的锚固长度（投影长度）可取为基本锚固长度的 60%。

2. 焊缝和螺纹长度应满足承载力的要求；螺栓锚头的规格应符合相关标准的要求。

3. 螺栓锚头和焊接钢板的承压面积不应小于锚固钢筋截面积的 4 倍。

4. 螺栓锚头和焊接锚板的钢筋净距小于 $4d$ 时应考虑群锚效应的不利影响。

5. 截面角部的弯钩和一侧贴焊锚筋的布筋方向宜向截面内侧偏置。

6. 受压钢筋不应采用末端弯钩和一侧贴焊的锚固形式

第二部分　建筑构造

第四章　建筑构造概述

1. 建筑构造的基本原则是什么？

（1）满足建筑物的使用功能及其变化的要求　满足使用者的要求，是建筑物建造的初始目的，且由于建筑物的使用周期较长，改变原设计使用功能的情况屡有发生。建筑物在长期的使用过程中，还需要经常性的维修。

因此，在对建筑物进行构造设计的时候，应充分考虑这些因素并提供相应的解决方案。

（2）充分发挥所用材料的性能　充分发挥所用材料的性能是确保施工方面安全、合理，施工过程简便、易行的重要前提。在具有多种选择可能性的情况下，应经过充分比较后，合理选择并优化设计。

（3）注意美观、坚固　在建筑构造设计中，坚固耐用、美观大方、技术先进、经济合理，是最根本的原则。

（4）注意感官效果及对建筑空间构成的影响　构造设计使得建筑物的构造连接合理，赋予构件以及连接节点以相应的形态。在进行构造设计时，必须兼顾其形状、尺度、质感、色彩等方面给人的感官印象以及对整个建筑物的空间构成所造成的影响。

（5）讲究经济效益和社会效益　工程建设项目是投资较大的项目，保证建设投资的合理运用是每个设计人员的责任。此外，选用材料和技术方案等方面的问题还应考虑建筑长期的社会效益，例如安全性能和节能等方面的问题，在设计时应有足够的考虑。

（6）注意施工的可能性和现实性　施工现场的条件及操作的可能性是建筑构造设计时必须予以充分重视的。有时有的构造节点因为设计时没有留有足够的操作空间而在实施时需进行临时修改，费工、费时，导致原有设计无法完成。为提高建设速度，改善劳动条件，保证施工质量，在进行构造设计时，应尽可能创造构件工厂标准化生产以及现场机械化施工的有利条件。

（7）符合相关的建筑法规和规范的要求　法规和规范的条文是不断总结实践经验的产物，具有强制性要求和示范性，且规范会随着实际情况的改变而不断修改。设计人员必须熟知并遵守相关规范和法规的要求，这是做出良好设计和保证施工质量的基本前提。

2. 建筑构造的研究对象和方法是什么？

（1）研究对象　建筑构造是研究建筑物各组成部分的构造原理和构造方法的学科，是建筑设计不可分割的一部分，具有实践性强和综合性强的特点。其内容涉及建筑材料、建筑物理、建筑力学、建筑结构、建筑施工以及建筑经济等有关方面的知识，是实践经验的高度概括和总结。建筑构造的主要任务在于根据建筑物的功能要求，研究并提供适

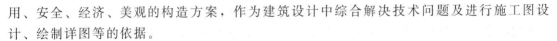

用、安全、经济、美观的构造方案，作为建筑设计中综合解决技术问题及进行施工图设计、绘制详图等的依据。

（2）研究方法

①关注造成建筑物变形的因素。建筑物在建造和使用的过程中，都不可避免地发生变形。结构设计者可能更关注变形对结构安全性能的影响，特别是建造在有可能发生地震区域的建筑物，必须重视其在地震发生时可能产生的变形及受破坏的程度。在其他一些方面，变形因素对于建筑物有可能造成的危害也不容忽视。

②关注自然环境和人工环境的相互影响。建筑物是室内外空间的界定物，处在自然因素和人工因素的交互作用下。以建筑物的外墙为例，为了通风和采光，需要开门、开窗，门窗缝是发生渗漏的薄弱环节，且门窗材料的热工性能不如墙体的其他部分，因此就需要在门窗的构造节点上进行加强气密性及水密性方面的处理，还应对门窗框以及玻璃的材料材性进行有效的选择和改良。

需要注意的是，建筑物外墙的两侧在很多时候会存在较大的温差，但保持墙体两侧的温差又意味着空气中所携带的水汽有可能因温度下降而在墙体中结露，从而导致保温材料甚至墙身的损坏。

③关注建筑材料和施工工艺的发展。材料性能是建筑构造的基本依据，包括力学性能、机械性能以及热工性能、光学性能、防水性能、燃烧性能等其他物理特性和稳定性等方面的化学特性。这些性能决定了材料的可加工性、构件相互连接的可能性、构造节点的安全性以及耐久性等。随着建材工业的不断发展，越来越多的新型建筑材料不断出现，且有与其相适应的构造节点做法和合适的施工方法。因此，只有熟悉建筑材料的发展趋势，不断加强对各种建筑材料，尤其是对新型材料的性能和加工工艺的了解，预估其在长期的使用过程中有可能出现的变化，才有可能使相应的设计更加合理、更加完善。

3. 建筑物的组成构件有哪些？

（1）基础　基础是房屋的重要组成部分，是建筑物地面以下的承重构件，承受建筑物上部结构传递下来的全部荷载，并把这些荷载连同基础的自重传到地基上。

（2）墙　墙是建筑物的竖向构件，其作用是承重、围护、分隔及美化室内空间。作为承重构件，墙承受着由屋顶或楼板层传来的荷载，并将其传给基础；作为围护构件，外墙抵御着自然界各种不利因素对室内的侵袭；作为分隔构件，内墙起到分隔建筑内部空间的作用；同时，墙体对建筑物的室内外环境还具有美化和装饰的作用。

（3）楼地层　楼地层是建筑物的水平分隔构件，承受人、家具、设备和构件自身的荷载，并将这些荷载传给墙或梁柱或地基。楼板作为分隔构件，沿竖向将建筑物分隔成若干楼层，以扩大建筑面积。

（4）屋顶　屋顶是房屋最顶部起覆盖作用的围护结构，用来防风、雨、雪、日晒等对室内的影响。屋顶又是房屋顶部的承重结构，用来承受自重和作用于屋顶上的各种荷载，并将这些荷载传给墙或梁柱，对房屋上部还起到水平支撑作用。

（5）楼梯　楼梯是建筑的垂直交通联系设施，其作用是供人们上下楼层和安全疏散。楼梯虽有承重作用，但不是基本的承重构件。

（6）门和窗　门是建筑物及其房间出入口的启闭构件，主要供人们通行和分隔房间。窗是建筑中的透明构件，起到采光、通风、围合、保护等作用。

（7）变形缝 在工业与民用建筑中，由于受气温变化、地基不均匀沉降以及地震等因素的影响，建筑结构内部将产生附加应力和变形，如处理不当，将会造成建筑物的破坏，产生裂缝甚至倒塌，影响使用与安全。其解决办法有：加强建筑物的整体性，使之具有足够的强度与刚度来克服这些破坏应力，而不产生破坏；预先在这些变形敏感部位将结构断开，留出一定的缝隙，以保证各部分建筑物在这些缝隙中有足够的变形宽度而不造成建筑物的破损。这种将建筑物垂直分割开来的预留缝隙被称为变形缝。

第五章　地基与基础

一、地基与基础简述

1. 什么是地基？

地基是指建筑物下面支承基础的土体或岩体。作为建筑地基的土层分为岩石、碎石土、砂土、粉土、黏性土和人工填土等。地基有天然地基（图 5-1）和人工地基（图 5-2）两类。天然地基是不需要经过加固的天然土层。人工地基需要经过加固处理，常见有石屑垫层、砂垫层、混合灰土回填再夯实等。

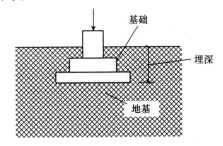

图 5-1　天然地基

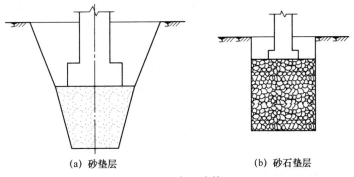

(a) 砂垫层　　　　　　(b) 砂石垫层

图 5-2　人工地基

2. 什么是基础？

基础是指建筑底部与地基接触的承重构件，它的作用是把建筑上部的荷载传给地基。因此地基必须坚固、稳定而可靠。工程结构物地面以下的部分结构构件，用来将上部结构荷载传给地基，是房屋、桥梁、码头及其他构筑物的重要组成部分。

3. 地基分为几类？

（1）天然地基　天然地基是指具有足够承载能力的天然土层，不需经人工改良或加固可以直接在上面建造房屋的地基，如岩石、碎石土、砂土和黏性土等，一般均可作为天然地基。

（2）人工地基　人工地基是指天然土层的承载力不能满足荷载要求，即不能在这样的土层上直接建造基础，必须对这种土层进行人工加固以提高它的承载力，进行人工加固的地基叫做人工地基。人工加固地基通常采用压实法、换土法、打桩法以及化学加固法等。

4. 对地基的要求有哪些？

（1）强度要求　地基的承载力应足以承受基础传来的压力。地基承受荷载的能力称为地基承载力，即单位面积所承受荷载的大小，单位为 kPa。

（2）变形要求　地基的沉降量应保证在允许的沉降范围内，且沉降差也应保证在允许的范围内，建筑物的总荷载通过基础传给地基，地基因此产生应变，出现沉降。若沉降量过大，会造成整个建筑物下沉过多，影响建筑物的正常使用；若沉降不均匀，沉降差过大，会引起墙身开裂、倾斜甚至破坏。

（3）稳定性要求　要求地基有抵抗产生滑坡、倾斜方面的能力。必要时应加设挡土墙，以防止滑坡变形的出现。

5. 地基土有哪些分类？

地基土可分为岩石、碎石土、砂土、粉土、黏性土和人工填土等。其中，砂土、粉土、黏性土和人工填土最为常见。砂土颗粒较粗，在干燥时呈散状。砂土按照其颗粒大小及不同颗粒的数量比分为砾砂、粗砂、中砂、细砂和粉砂。黏性土颗粒很细，在干燥时呈固体状态，它随含水量的增加而变成可塑状态，以至流动状态（如泥浆）。黏性土又可分为粉质黏土和黏土。粉土的性质介于砂土与黏性土之间。人工填土根据其组成和成因，可分为素填土、杂填土和冲填土。

6. 在建造中对基础的要求有什么？

（1）强度要求　基础应具有足够的强度，才能稳定地把荷载传给地基，如果基础在承受荷载后受到破坏，整个建筑物的安全就无法保证。

（2）耐久性要求　基础是埋在地下的隐蔽工程，由于它在土中，环境复杂，而且建成后检查、维修、加固很困难，所以在选择基础材料和构造形式时应与上部建筑物的使用年限相适应。

（3）经济方面的要求　基础工程的造价占建筑物总造价的 $10\% \sim 40\%$，基础方案的确定，要在坚固耐久、技术合理的前提下，尽量就地取材，减少运输，以降低整个工程的造价。

7. 地基基础设计的一般原则是什么？

①基础设计安全等级、结构设计使用年限、结构重要性系数应按有关规范的规定采用，但结构重要性系数 γ_0 不应小于 1.0。

②地基基础设计等级按表 5-1 选用。

表 5-1　地基基础设计等级

设计等级	建筑和地基类型
甲级	重要的工业与民用建筑物； 30 层以上的高层建筑； 体型复杂，层数相差超过 10 层的高低层连成一体的建筑物； 大面积的多层地下建筑物（如地下车库、商场、运动场等）； 对地基变形有特殊要求的建筑物；复杂地质条件下的坡上建筑物（包括高边坡）； 对原有工程影响较大的新建建筑物；场地和地基条件复杂的一般建筑物； 位于复杂地质条件及软土地区的二层及二层以上地下室的基坑工程

续表

设计等级	建筑和地基类型
乙级	除甲级、丙级以外的工业与民用建筑物
丙级	场地和地基简单、荷载分布均匀的七层及七层以下民用建筑及一般工业建筑物； 次要的轻型建筑物

8. 如何合理地选择地基基础的类型？

①房屋基础选型应根据工程地质和水文地质条件、建筑体型与功能要求、荷载大小与分布情况、相邻建筑基础情况、施工条件和材料供应以及地区抗震烈度等综合考虑，选择经济合理的基础形式。

②砌体结构优先采用刚性条形基础，如灰土条形基础、C15素混凝土条形基础、毛石混凝土条形基础和四合土条形基础等。当基础宽度大于2.5m时，可采用钢筋混凝土基础，即柔性基础。

③多层内框架，如地基土较差时，边柱宜选用柱下钢筋混凝土条形基础，中柱宜用钢筋混凝土柱。

④框架结构，无地下室、地基较好、荷载较小时，可采用单独柱基，在抗震设防区可按《建筑抗震设计规范》（2010年版）6.1.11条设柱基拉梁；无地下室、地基较差、荷载较大时，为增强整体性，减少不均匀沉降，可采用十字交叉梁条形基础。如采用上述基础不能满足地基基础强度和变形要求，又不宜采用桩基或人工地基时，可采用筏板基础（有梁或无梁）。

⑤框架结构，有地下室、上部结构对不均匀沉降要求严、防水要求高、柱网较均匀时，可采用箱形基础，柱网不均匀时，可采用筏板基础；有地下室，无防水要求，柱网、荷载较均匀、地基较好时，可采用独立柱基，抗震设防区加柱基拉梁，或采用钢筋混凝土交叉条形基础或筏板基础。筏板基础上的柱荷载不大、柱网较小且均匀时，可采用板式筏形基础。当柱荷载不同、柱距较大时，宜采用梁板式筏板基础，无论采用何种基础都要处理好基础底板与地下室外墙的连接节点。

⑥框剪结构，无地下室、地基较好、荷载较均匀时，可选用单独柱基或墙下条基，抗震设防地区柱基下宜设拉梁并与墙下条基连接在一起，以加强整体性，如还不能满足地基承载力或变形要求，可采用筏板基础。

⑦剪力墙结构，无地下室或有地下室、无防水要求、地基较好，宜选用交叉条形基础；当有防水要求时，可选用筏板基础或箱形基础。

⑧高层建筑一般都设有地下室，可采用筏板基础；如地下室设置有均匀的钢筋混凝土隔墙时，采用箱形基础。

⑨当地基较差，为满足地基强度和沉降要求，可采用桩基或人工处理地基。

⑩多栋高楼与裙房在地基较好（如卵石层等）、沉降差较小、基础底标高相等时基础可不分缝（沉降缝）。当地基一般，通过计算或采取措施（如高层设混凝土桩等）控制高层和裙房间的沉降差后，高层和裙房基础也可不设缝，建在同一筏基上，施工时可设后浇带以调

整高层与裙房的初期沉降差。

⑪当高层与裙房或地下车库基础为整块筏板钢筋混凝土基础时，在高层基础附近的裙房或地下车库基础内设后浇带，以调整地基的初期不均匀沉降和混凝土初期收缩。后浇带宽800～1000mm。自基础开始在各层相同位置直到裙房屋顶板全部设后浇带，包括内外墙体。施工时后浇带两边梁板必须支撑好，直到后浇带封闭，混凝土达到设计强度后方可拆除。后浇带内的混凝土采用比原构件提高一级的微膨胀混凝土。如沉降观测记录在高层封顶时，沉降曲线平缓，可在高层封顶一个月后封闭后浇带。沉降曲线不缓和则宜延长封闭后浇带时间。基础后浇带封闭前应覆盖，以免杂物垃圾掉落难以清理。应提出清除杂物垃圾的措施，如后浇带处垫层局部降低等。有必要时后浇带中应设置适量加强钢筋，如梁面、梁底钢筋相同等措施。

9. 地基与基础各有什么样的重要性？

地基与基础工程是土木工程中非常重要的工程内容，由于它是隐蔽工程，工程建设中大部分事故都是由地基与基础的问题导致的，因此，地基与基础工程的勘察、设计和施工质量直接关系到上部结构的安危。只有做到严格遵循基本建设的原则、精心设计、精心施工，并且每位土木工程师及管理者都本着事前积极预防、事中认真分析、事后吸取教训的高度责任感，才能将地基与基础工程建设好。

地基与基础工程施工常在地下或水下进行，往往需挡土、挡水，施工难度大，在一般高层建筑中，其造价约占总造价的 25%，工期占总工期的 25%～30%。若需要采用深基础或人工地基，其造价和工期所占比例更大。地基与基础工程为隐蔽工程，施工难度大、造价高、工期长、失事后难以处理，应慎重对待。随着大型、重型、高层建筑和大跨度桥梁等的日益增多，在地基与基础工程设计与施工方面积累了不少成功的经验，然而也有不少失败的教训。

（1）都江堰　都江堰（图 5-3）是我国古代创建的一项闻名中外的伟大的水利工程，位于四川省都江堰市城西岷江上游，由战国秦昭王时蜀郡太守李冰父子率众兴建。汹涌的岷江水经都江堰化险为夷，变害为利，造福农桑，使川西平原成为千百年来旱涝保收的"天府之国"。

图 5-3　都江堰鸟瞰图

（2）**赵州桥**　隋朝大业初年（公元 605 年左右），石工李春所修建的赵州石拱桥（图 5-4），造型美观，至今安然无恙。赵州桥的桥台砌置于密实的粗砂层上，一千四百多年来其沉降量只有几厘米。

（3）**特朗斯康谷仓**　1913 年建造的加拿大特朗斯康谷仓（图 5-5），由 65 个圆柱形筒仓组成，高 31m、宽 23.5m，采用筏板基础，因事先不了解基底下有厚达 16m 的软黏土层，建成后贮存谷物时，基底压力超出地基极限承载力，使谷仓西侧突然陷入土中 8.8m，东侧抬高 1.5m，仓身整体倾斜 26°53″，地基发生整体滑动，丧失稳定性。但因谷仓整体性很强，所以筒仓仍完好无损。事后，工程师们在筒仓下增设 70 多个支承于基岩上的混凝土墩，用了 388 个 50t 的千斤顶才将其逐步纠正，但标高比原来降低了 4m。

图 5-4　赵州桥

图 5-5　特朗斯康谷仓

10. 计算地基变形时，应注意哪些问题？

①地基竖向压缩变形表现为建筑物基础的沉降，地基变形计算主要是指基础的沉降计算，它是地基基础设计中的一个重要组成部分。当建筑物在荷载作用下产生过大的沉降或倾斜时，对于工业与民用建筑来说，都可能影响正常的生产或生活秩序，危及人身安全。因此，对于变形计算总的要求是：建筑物的地基变形计算值不应大于地基变形允许值，即 $S \leqslant [S]$。

地基变形计算的内容，一方面涉及地基变形特征的选择和地基变形允许值的确定；另一方面要根据荷载在地层中引起的附加应力分布和地基各土层的分布情况及其应力－应变关系特性来计算地基变形值。

②地基变形特征可分为沉降量、沉降差、倾斜和局部倾斜。其中最基本的是沉降量计算，其他的变形特征都可以由它推算出。倾斜指的是基础倾斜方向两端点的沉降差与其距离之比值。局部倾斜指的是砌体承重结构沿纵向 6～10m 内基础两点的沉降差与其距离的比值。

计算地基变形时，地基内的应力分布，可采用各向同性均质线性变形体理论，地基最终变形量计算目前最常用的是分层总和法。

③在计算地基变形时，应符合下列规定。

a. 由于建筑地基不均匀、建筑物荷载差异很大、建筑物体型复杂等原因引起的地基变形，对于砌体承重结构应由局部倾斜值控制；对于框架结构和单层排架结构应由相邻柱基础的沉降差控制；对于多层或高层建筑和高耸结构应由倾斜值控制；对于各类结构必要时尚应控制地基的平均沉降量。

b. 在必要情况下，需要分别预估建筑物在施工期间和使用阶段的地基变形值，以便预留建筑物有关部分之间的净空，选择连接方法和施工顺序。一般多层建筑物在施工期间完成的沉降量，对于砂土可认为其最终沉降量已完成 80% 以上，对于其他低压缩性土可认为已完成其最终沉降量的 50%～80%，对于中压缩性土可认为已完成其最终沉降量的 20%～50%，对于高压缩性土可认为已完成其最终沉降量的 5%～20%。

④建筑物的地基变形允许值，可按表 5-2 的规定采用。对表中未包括的建筑物，其地基变形允许值应根据上部结构对地基变形的适应能力和使用上的要求确定。

表 5-2　建筑物的地基变形允许值

变形特征	地基土类别	
	中、低压缩性土	高压缩性土
砌体承重结构基础的局部倾斜	0.002	0.003
工业与民用建筑相邻柱基的沉降差 （1）框架结构 （2）砌体墙填充的边排柱 （3）当基础不均匀沉降时不产生附加应力的结构	$0.002l$ $0.0007l$ $0.005l$	$0.003l$ $0.001l$ $0.005l$

续表

变形特征	地基土类别	
	中、低压缩性土	高压缩性土
单层排架结构（柱距为6m）柱基的沉降量/mm	（120）	200
桥式起重机轨面的倾斜（按不调整轨道考虑） 纵向 横向	0.004 0.003	
多层和高层建筑的整体倾斜 $H_g \leqslant 24$m 24m$<H_g \leqslant 60$m 60m$<H_g \leqslant 100$m $H_g >100$m	0.004 0.003 0.0025 0.002	
体型简单的高层建筑基础的平均沉降量/mm	200	
高耸结构基础的倾斜 $H_g \leqslant 20$m 20m$<H_g \leqslant 50$m 50m$<H_g \leqslant 100$m 100m$<H_g \leqslant 150$m 150m$<H_g \leqslant 200$m 200m$<H_g \leqslant 250$m	0.008 0.006 0.005 0.004 0.003 0.002	
高耸结构基础的沉降量/mm $H_g \leqslant 100$m 100m$<H_g \leqslant 200$m 200m$<H_g \leqslant 250$m	400 300 200	

注：1. 本表数值为建筑物地基实际最终变形允许值。

2. 有括号者仅适用于中压缩性土。

3. l 为相邻柱基的中心距离（mm）；H_g 为自室外地面起算的建筑物高度，m。

4. 倾斜指基础倾斜方向两端点的沉降差与其距离的比值。

5. 局部倾斜指砌体承重结构沿纵向6～10m内基础两点的沉降差与其距离的比值。

11. 在确定基础埋置深度时，应考虑哪些问题？

①建筑物基础的埋置深度，一般由室外地面标高算起。在填方整平地区，可自填土地面标高算起，但填土在上部结构施工后完成时，应从天然地面标高算起。地基基础设计规范没有规定填土应是自重下固结完成的土。因为基础周围的填土，在承载力验算中作为边载考

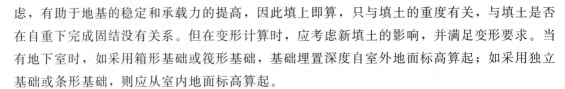

虑，有助于地基的稳定和承载力的提高，因此填上即算，只与填土的重度有关，与填土是否在自重下完成固结没有关系。但在变形计算时，应考虑新填土的影响，并满足变形要求。当有地下室时，如采用箱形基础或筏形基础，基础埋置深度自室外地面标高算起；如采用独立基础或条形基础，则应从室内地面标高算起。

②基础的埋置深度，应按下列条件经技术经济比较后确定：

a. 建筑物的用途、高度和体型，有无地下室、设备基础和地下设施，基础的形式和构造；

b. 作用在地基上的荷载大小和性质；

c. 工程地质条件和水文地质条件；

d. 相邻建筑物的基础埋深；

e. 地基土冻胀和融陷的影响。

③在满足地基稳定和变形要求的前提下，基础宜浅埋，当上层地基的承载力大于下层土时，宜利用上层土层作持力层。除岩石地基外，基础埋深不宜小于 0.5m。

④高层建筑筏形基础和箱形基础的埋置深度应满足地基承载力、变形和稳定性要求。在抗震设防地区，除岩石地基外，天然地基上的箱形基础和筏形基础其埋置深度不宜小于建筑物高度（从室外地面至主要屋面的高度）的 1/15；桩箱或桩筏基础的埋置深度（不计桩长）不宜小于建筑物高度的 $1/20 \sim 1/18$。

⑤高宽比大于 4 的高层建筑，基础底面不宜出现零应力区；高宽比不大于 4 的高层建筑，基础底面与地基之间零应力区面积不应超过基础底面面积的 15%。计算时，质量偏心较大的裙房与主楼应分开考虑。

⑥位于岩石地基上的高层建筑，在满足地基承载力、稳定性要求及《高层建筑混凝土结构技术规程》（JGJ 3—2010）第 12.1.6 条规定的前提下，其基础埋置深度不受建筑物高度的 1/15（天然地基）或 $1/20 \sim 1/18$（桩基）的限制，但基础埋置深度应满足抗滑要求。

⑦当存在相邻建筑物时，新建建筑物的基础埋深不宜大于原有建筑物基础的埋深。当新建建筑物基础埋深大于原有建筑物基础时，两基础之间应保持一定的净距，其数值应根据原有建筑荷载大小、基础形式和土质情况确定，一般情况下，宜使相邻基础底面的标高差 d 与其净距 s 之比 $d/s \leqslant 1/2$。当上述要求不能满足时，应采取分段施工、设临时加固支撑、打板桩、设地下连续墙等施工措施，或加固原有建筑物地基，并应考虑浅埋基础对深埋基础的影响。

⑧位于稳定土坡坡顶上的建筑，当垂直坡顶边缘线的基础底面边长小于或等于 3m 时，其基础底面外边缘线至坡顶的水平距离（图 5-6）应符合下式要求，但不得小于 2.5m。

条形基础 $\qquad\qquad\qquad\qquad a \geqslant 3.5b - d/\tan\beta \qquad\qquad\qquad\qquad$ (5-1)

矩形基础 $\qquad\qquad\qquad\qquad a \geqslant 2.5b - d/\tan\beta \qquad\qquad\qquad\qquad$ (5-2)

式中，各符号的意义见《建筑地基基础设计规范》（GB 50007—2011）第 5.4.2 条。

当基础底面外边缘线至坡顶的水平距离不满足式（5-1）或式（5-2）的要求时，可根据基底平均压力按下式确定基础距坡顶边缘的距离和基础埋深：

$$M_R / M_s \geqslant 1.2 \tag{5-3}$$

式中 M_s——滑动力矩；

M_R——抗滑力矩。

当边坡坡角大于45°、坡高大于8m时，尚应按式（5-3）验算坡体稳定性。

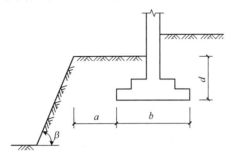

图 5-6 基础底面外边缘线至坡顶的水平距离示意

⑨同一建筑物相邻两基础的底面不在同一标高时，基础底面标高差 d 与其净距 s 之比也应满足 $d/s \leqslant 1/2$ 的要求；同一建筑物的条形基础沿纵向的埋置深度变化时，应做成阶梯形过渡，其阶高与阶长之比宜取 $1:2$，每阶的阶高不宜大于 500mm。

二、基础的分类与构造

1. 基础按材料的受力特点分为几类？

基础按材料的受力特点分为以下几类，具体如图5-7所示。

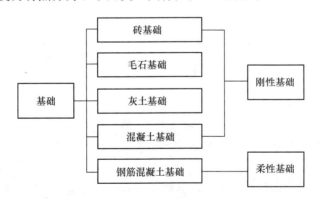

图 5-7 基础材料受力特点详细分类

刚性材料建造受刚性限制的基础称为刚性基础，如混凝土基础、砖基础、毛石基础、灰土基础，如图5-8所示。

柔性基础是指基础宽度的加大不受刚性角限制，抗压、抗拉强度都很高，如钢筋混凝土基础，如图5-9所示。

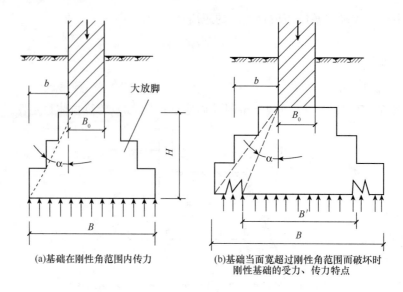

(a)基础在刚性角范围内传力　　(b)基础当面宽超过刚性角范围而破坏时
　　　　　　　　　　　　　　　　刚性基础的受力、传力特点

图 5-8　刚性基础

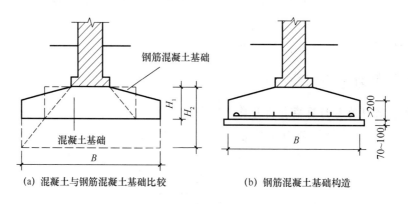

(a) 混凝土与钢筋混凝土基础比较　　(b) 钢筋混凝土基础构造

图 5-9　柔性基础

（1）刚性基础

①砖基础。砖基础（图 5-10）所用的砖是一种取材容易、价格低廉的材料。由于砖的强度、耐久性均较差，所以砖基础多用于地基土质好、地下水位较低、五层及五层以下的砖混结构建筑。砖基础采用台阶式向下逐级放大，称大放脚。大放脚的具体做法：一般采用每两皮砖挑出 1/4 砖，称为两皮一收；或两皮砖与一皮砖间隔挑出 1/4 砖，称为二一间收。

②毛石基础。毛石基础（图 5-11）是由中部厚度不小于 150mm 的未经加工的块石和砂浆砌筑而成

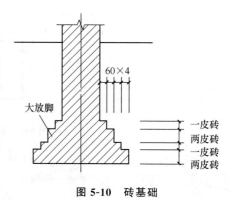

图 5-10　砖基础

的，通常采用水泥砂浆砌筑。由于石材强度高、抗冻及耐水性能好，水泥砂浆同样是耐水材料。所以毛石基础可以用于地下水位较高、冻结深度较深的地区。

③灰土基础。灰土是由石灰和黏土按一定的比例拌和而成的，其配合比常用石灰与黏土

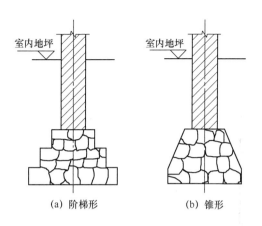

图 5-11　毛石基础

的体积比，为 3：7。灰土每层均虚铺 220mm，夯实后厚度为 150mm 左右，称为一步。灰土基础（图 5-12）的厚度与建筑层数有关。三层及三层以下的建筑物用两步，三层以上的建筑物用三步。灰土基础适合于五层及五层以下、地下水位较低的砌体结构房屋和墙体承重的工业厂房。

灰土基础的优点是施工简便、造价较低、就地取材，可以节省水泥、砖石等材料。缺点是它的抗冻、耐水性能差，在地下水位线以下或很潮湿的地基上不宜采用。在砖基础下做灰土垫层也叫灰土基础。

④混凝土基础。混凝土基础（图 5-13）具有坚固、耐久、耐水等特点，常用于地下水和冰冻作用的地方。由于混凝土是可塑的，基础的断面形式不仅可以做成矩形和阶梯形，还可以做成锥形，锥形断面能节约混凝土，从而减轻基础自重。

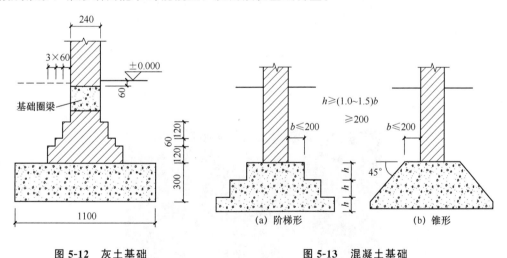

图 5-12　灰土基础　　　　　　　　图 5-13　混凝土基础

（2）柔性基础　柔性材料基础主要有钢筋混凝土基础。采用刚性基础，因受刚性角限制，基础底面宽度很大时，必然要增加基础高度，使埋深加大，开挖土方增多，材料用量增加，对工期和造价不利。如果在混凝土中配置钢筋，成为钢筋混凝土基础，利用钢筋承受拉力，基础就能承受弯矩，不受刚性角限制。因此，钢筋混凝土基础称为柔性基础，如图 5-14 所示。

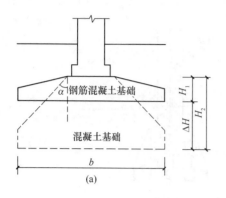
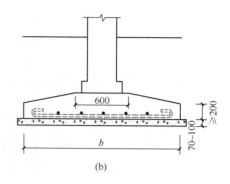

图 5-14 钢筋混凝土基础

2. 按照基础构造如何分类？

（1）条形基础 当房屋为墙承重结构时，承重墙下一般采用通长的条形基础。中小型建筑常采用砖、石、混凝土、灰土等刚性材料的刚性条形基础。当荷载较大、地基软弱时，也可以采用钢筋混凝土条形基础，如图 5-15 所示。

图 5-15 条形基础

（2）独立基础 当房屋为框架承重结构时，承重柱下扩大形成独立基础，常用断面形式有阶梯形、锥形、杯形等，如图 5-16 所示。

图 5-16 独立基础

（3）柱下条形基础　当房屋为框架承重结构时，在荷载较大且地基为软土时，常用钢筋混凝土条形基础将各柱下的基础连接在一起，使整个房屋的基础具有良好的整体性。柱下条形基础可以有效防止不均匀沉降，如图 5-17 所示。

图 5-17　柱下条形基础

（4）井格基础　一般在地基承载力更差、荷载更大的框架结构中，可以将柱子下的基础沿纵横两个方向扩展连接起来，称为井格基础，又称柱下交叉条形基础。它比柱下条形基础的整体性更好，防止不均匀沉降的效果也更好，如图 5-18 所示。

图 5-18　井格基础

（5）筏形基础　当上部结构荷载较大、地基承载力较低，井格基础或墙下条形基础的底面积占建筑物平面面积较大比例时，可考虑选用筏形基础。筏形基础（图 5-19）具有减少基底压力、提高地基承载力和调整地基不均匀沉降的功能。筏形基础一般分柱下筏基和墙下筏基两类，前者是框架结构下的筏基，后者是承重墙结构下的筏基。墙下筏基也称墙下筏板基础。筏形基础按结构形式分为板式结构和梁板式结构两类。

（6）箱形基础　如钢筋混凝土基础埋深很大，为了增加建筑物的刚度，可用钢筋混凝土筑成有底板、顶板和四壁的箱形基础。箱形基础内部空间可用做地下室。这种基础可用于荷载很大的高层建筑，如图 5-20 所示。

图 5-19　筏形基础

图 5-20　箱形基础

（7）桩基础　当建筑物荷载较大，地基的软弱土层厚度在 5m 以上，基础不能埋在软弱土层内，或对软弱土层进行人工处理困难或不经济时，常采用桩基础（图 5-21）。采用桩基础能节省基础材料，减少挖填土方工程量，改善工人的劳动条件，缩短工期。

桩基础把建筑物的荷载通过桩端传给深处坚硬土层，或通过桩侧表面与周围土的摩擦力传给地基，前者称端承桩，后者称摩擦桩。端承桩适用于表层软土层不太厚，而下部为坚硬土层的地基情况。桩上的荷载主要由桩端阻力承受。摩擦桩适用于软土层较厚，而坚硬土层距地表很深的地基情况。桩上的荷载由桩侧摩擦力和桩端阻力共同承受。

图 5-21　桩基础

三、基础的埋置深度及影响因素

1. 什么叫做基础埋置深度？

基础埋置深度一般是指基础底面到室外设计地面的距离，简称基础埋深。

2. 基础埋置深度的影响因素是什么？

由室外设计地面到基础底面的距离，称为基础的埋置深度，如图5-22所示。基础埋深不过5m的称浅基础，大于5m的属于深基础。在确定基础埋深时，应优先选择浅基础。它的优点是不需要特殊施工设备，施工技术也较简单。基础埋深越小，工程造价越低。但当基础埋深过小时，地基受到压力后有可能把四周的土挤走，使基础失去稳定性。在一般情况下，基础的埋深应不小于500mm。

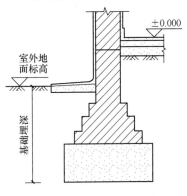

图 5-22 基础埋置的深度

3. 影响基础埋置深度的因素主要包括哪些方面？

影响基础埋置深度的因素较多，主要包括以下几方面。

（1）建筑物的自身特点 建筑物的自身特点是指建筑物的用途、有无地下室、设备基础和地下设施、基础的形式与构造等。

（2）作用在地基上的荷载大小和性质 一般来说，荷载越大，基础的埋置深度越大，高层建筑的箱形基础和筏形基础埋置深度不宜小于地面以上建筑物总高度的1/15。

（3）工程地质条件的影响 建筑物所在场地的工程地质条件对基础埋深的影响较大。如土层是由两种土质构成的，上层土质好而有足够厚度，基础应埋在上层范围好土内；反之，上层土质差而厚度浅，基础应埋在下层好土范围内。

（4）冻结深度 土的冻结深度（图5-23）即冰冻线，主要是由当地的气候决定的。由于各地区气温不同，冻结深度也不同，如北京为0.85m、哈尔滨为1.9m、上海为0.1m、沈阳为1.2m；如果基础置于冰冻线以上，当土壤冻结时，冻胀力可将房屋拱起，融化后房屋又将下沉，久而久之，会造成基础的破坏。因此，在冻胀土中埋置基础必须将基础底面置于冰冻线以下。

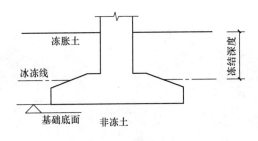

图 5-23 冻结深度

（5）地下水位的影响 地下水对某些土层的承载力有很大影响。为了避免地下水位的变化直接影响地基承载力，同时防止地下水对基础施工带来麻烦，以及防止有侵蚀性的地下水对基础的腐蚀，一般基础应尽量埋置在地下水位以上，当地下水位较高、基础不能埋置在地下水位以上时，应采取地基上土在施工时不受干扰的措施，如图5-24所示。

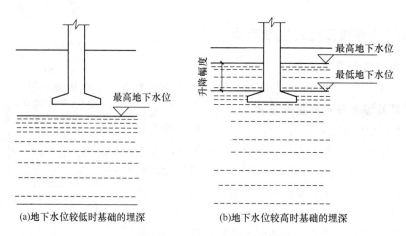

(a)地下水位较低时基础的埋深   (b)地下水位较高时基础的埋深

图 5-24　地下水位的影响

（6）相邻基础的埋深　在原有房屋附近建造房屋时，要考虑新建房屋荷载对原有房屋基础的影响。一般情况下，新建建筑物的基础应浅于相邻的原有建筑物基础，以避免扰动原有建筑物的地基土壤。当埋深大于原有基础的埋深时，两基础间应保持一定水平距离，其数值应根据荷载的大小和性质等情况而定。一般为相邻两基础底面高差的 2 倍，如图 5-25 所示。

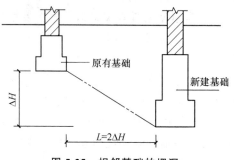

图 5-25　相邻基础的埋深

L—两基础间的水平距离；ΔH—两基础底面高差

当上述要求不能满足时，应采取分段施工、设临时加固支撑、打板桩、地下连续墙等施工措施，或加固原有建筑基础。

四、地下室的构造

1. 地下室可以分为几类？

（1）按使用性质分

①普通地下室。即普通的地下空间。一般按地下楼层进行设计，可满足多种建筑功能的要求，如图 5-26 所示。

图 5-26　地下室

②人防地下室。即有人民防空要求的地下空间。人防地下室应妥善解决紧急状态下的人员隐蔽与疏散，应有保证人身安全的技术措施，如图 5-27 所示。

图 5-27 人防地下室

（2）按埋入地下深度分

①全地下室。房间地平面低于室外地坪面的高度超过该房间净高的 1/2 者为全地下室，或称为地下室。由于防空地下室有防止地面水平冲击波破坏的要求，故多采用这种类型，如图 5-28 所示。

图 5-28 全地下室

②半地下室。房间地平面低于室外地坪高度超过该房间净高的 1/3，且不超过 1/2 的称为半地下室。这种地下室一部分在地面以上，易于解决采光、通风等问题，普通地下室多采用这种类型，如图 5-29 所示。

图 5-29 半地下室

2. 地下室由哪几部分构成？

地下室一般由墙体、顶板、底板、门和窗、采光井和楼梯等部分组成。

（1）墙体　地下室的墙体不仅承受上部的垂直荷载，外墙还要承受土、地下水及土壤冻胀时产生的侧压力，所以地下室外墙的厚度，应经计算确定。采用最多为混凝土或钢筋混凝土外墙，其厚度一般不小于300mm。

（2）顶板　地下室的顶板（图5-30）采用现浇或预制钢筋混凝土板。防空地下室的顶板一般应为现浇板。当采用预制板时，往往在板上浇筑一层钢筋混凝土整体层，以保证有足够的整体性。

图5-30　地下室顶板

（3）底板　地下室的底板（图5-31）不仅承受作用于它上面的垂直荷载，当地下水位高于地下室底板时，还必须承受底板下水的浮力，所以要求底板应具有足够的强度、刚度和抗渗能力，否则易出现渗漏现象。

图5-31　地下室底板

（4）门和窗　地下室的门窗与地上部分相同。防空地下室的门，应符合相应等级的防护要求，一般采用钢门或钢筋混凝土门。防空地下室一般不允许设窗。

（5）采光井　当地下室的窗在地面以下时，为达到采光和通风的目的，应设置采光井，

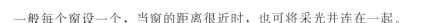

一般每个窗设一个，当窗的距离很近时，也可将采光井连在一起。

采光井由侧墙、底板、遮雨设施或铁箅子组成，侧墙一般为砖墙，井底板则由混凝土浇灌而成。

采光井的深度视地下室窗台的高度而定，一般采光井底板顶面应较窗台低 250～300mm。采光井在进深方向（宽）为 1000mm 左右，在开间方向（长）的窗宽为 1000mm 左右。

采光井侧墙顶面应比室外地面标高 250～300mm，以防止地面水流入，如图 5-32 所示。

图 5-32　地下室采光井

（6）楼梯　可与地面部分的楼梯结合设置。由于地下室的层高较小，故多设单跑楼梯。一般地下室至少应有两部楼梯通向地面。防空地下室也应至少有两个出口通向地面，其中一个必须是独立的安全出口，且安全出口与地面以上建筑物应有一定距离，一般不得小于地面建筑物高度的一半，以防止地面建筑物破坏塌落后将出口堵塞。

五、地基与基础的构造做法

1. 不同基础的做法是什么？

（1）条形基础　当建筑物采用砖墙承重时，墙下基础常连续设置，形成通长的条形基础。

（2）刚性基础　是指由抗压强度较高，而抗弯和抗拉强度较低的材料建造的基础。所用材料有混凝土、砖、毛石、灰土、三合土等，一般可用于六层及其以下的民用建筑和墙承重的轻型厂房。

（3）柔性基础　用抗拉和抗弯强度都很高的材料建造的基础称为柔性基础。一般用钢筋混凝土制作。这种基础适用于上部结构荷载比较大、地基比较柔软、用刚性基础不能满足要求的情况。

（4）独立基础　当建筑物上部为框架结构或单独柱子时，常采用独立基础；若柱子为预制时，则采用杯形基础形式。

（5）筏形基础　是埋在地下的连片基础，适用于有地下室或地基承载力较低、上部传来

的荷载较大的情况。

（6）箱形基础　当筏形基础埋深较大，并设有地下室时，为了增加基础的刚度，将地下室的底板、顶板和墙浇制成整体。箱形基础的箱形内部空间构成地下室，具有较大的强度和刚度，多用于高层建筑。

（7）桩基础　当建造比较大的工业与民用建筑时，若地基的软弱土层较厚，采用浅埋基础不能满足地基强度和变形要求时常采用桩基。桩基的作用是将荷载通过桩传给埋藏较深的坚硬土层，或通过桩周围的摩擦力传给地基。

2. 地面的构造做法是什么？

地面的构造做法见表 5-3。

表 5-3　地面的构造做法

类型	构造做法	部位	备注
结构地面	（1）结构楼板（配筋及厚度按设计计算配置） （2）20 厚 1：3 水泥砂浆找平层 （3）满铺塑料布一层作为防潮层 （4）素土夯实（作为地模，楼周边 1m 范围铺设 100mm 厚 20kg/m³ 聚苯板保温层，上皮标高与回填土一平）	对应部位	

3. 地下室防渗漏节点做法是什么？

地下室顶板防水做法如图 5-33 所示。

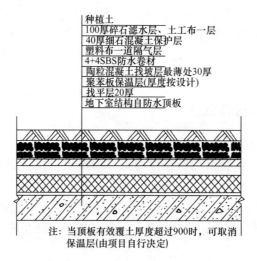

注：当顶板有效覆土厚度超过 900 时，可取消
保温层（由项目自行决定）

图 5-33　地下室顶板防水做法
4+4—四布四油

质量控制点：①顶板抗渗混凝土质量及结构找坡；②保温层的施工质量；③陶粒混凝土的找坡控制；④防水材料及防水层施工质量控制；⑤细石混凝土保护层施工；⑥滤水层施工质量控制；⑦成品保护。

4. 地下水侧墙施工缝做法是什么？

地下水侧墙施工缝做法如图 5-34 所示。

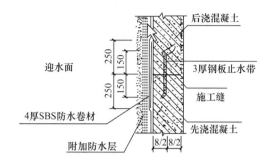

图 5-34 地下水侧墙施工缝做法

六、地下室应注意的问题

1. 地下室如何进行防潮？

我国地下工程混凝土结构主体防水的常用做法有防水混凝土、水泥砂浆防水层、卷材防水、涂料防水层、塑料防水板防水层、金属防水层等。选用何种防水方法，应根据使用功能、结构形式、环境条件等因素合理确定，一般处于侵蚀介质中的工程，应采用耐侵蚀的防水混凝土、防水砂浆、卷材或涂料；结构刚度较差或受振动作用的工程，应采用卷材、涂料等柔性防水材料。

（1）地下室的防潮　当地下水的常年水位和最高水位都在地下室地面标高以下时，仅受到土层中潮气的影响，这时只需做防潮处理。对于砖墙，其构造要求是：墙体必须采用水泥砂浆砌筑，灰缝要饱满，在墙面外侧设垂直防潮层。做法是在墙体外表面先抹一层 20mm 厚的水泥砂浆找平层，再涂一道冷底子油和两道热沥青，然后在防潮层外侧回填低渗透土壤，如黏土、灰土等，并逐层夯实。土层宽 0.5m 左右，以防地面雨水或其他地表水的影响（图 5-35）。

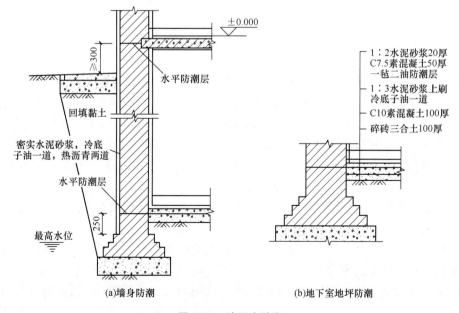

(a)墙身防潮　　　　(b)地下室地坪防潮

图 5-35 地下室防潮

另外，地下室的所有墙体都必须设两道水平防潮层：一道设在地下室地坪附近；另一道设置在室外地面散水以上 150～200mm 的位置，以防地下潮气沿地下墙身或勒角处侵入室内。凡在外墙穿管、接缝等处，均应嵌入油膏防潮。

对于地下室地面，一般主要借助混凝土材料的憎水性来防潮，但当地下室的防潮要求较高时，其地层也应做防潮处理。一般设在垫层与地面面层之间，且与墙身水平防潮层在同一水平面上。

当地下室使用要求较高时，可在围护结构内侧加涂防潮涂料。

2. 地下室如何进行防水？

当设计最高地下水位高于地下室地面时，地下室的底板和部分外墙将浸在水中，地下室的外墙受到地下水的侧压力，底板则受到浮力。此时，地下室应做防水处理。地下室的外墙应做垂直防水处理，底板应做水平防水处理。

目前，常采用的防水方案有材料防水和自防水两类。

（1）材料防水　材料防水是在外墙和底板表面敷设防水材料，利用材料的高效防水特性阻止水的渗入，常用卷材、涂料和防水水泥砂浆等。

卷材防水能适应结构的微量变形和抵抗地下水的一般化学侵蚀，比较可靠，是一种传统的防水做法。防水卷材一般用沥青卷材（石油沥青卷材、焦油沥青卷材）和高分子卷材（如三元乙丙-丁基橡胶防水卷材、氯化聚乙烯-橡胶防水卷材等），各自采用与卷材相适应的胶结材料胶合而成的防水层。高分子卷材具有质量轻、使用范围广、抗拉强度大、延伸率大，对基层伸缩或开裂的适用性强等特点，而且是冷作业，施工操作方便，不污染环境。

沥青是一种传统的防水材料，有一定的抗拉强度和延伸性，价格较低，但属热作业，操作不便，并污染环境，易老化，一般为多层做法。卷材的层数根据水压即地下水的最大计算水头大小而定。最大计算水头是指设计最高地下水位高于地下室底板下边的高度。按防水材料的铺贴位置不同，分外包防水和内包防水两类。外包防水是将防水材料贴在迎水面，即外墙的外侧和地板的下面，防水效果好，采用较多，但维护困难，缺陷处难以查找。内包防水是将防水材料贴于背水一面，其优点是施工简便、便于维修，但防水效果较差，多用于修缮工程。

沥青油毡外防水构造：先在混凝土垫层上将油毡铺满整个地下室，在其上浇筑细石混凝土或水泥砂浆保护层以便浇筑钢筋混凝土底板。地坪防水油毡需留出足够的长度以便与墙面垂直防水油毡搭接。墙体的防水处理是先在外墙外面抹 20mm 厚的 1：2.5 水泥砂浆找平层，涂刷冷底子油一道，再按一层油毡一层沥青胶顺序粘贴好防水层。油毡需从底板上包上来，沿墙身由下而上连续密封粘贴，然后，在防水层外侧砌厚为 120mm 的保护墙以保护防水层均匀受压，在保护墙与防水层之间缝隙中灌以水泥砂浆。

涂料防水指在施工现场以刷涂、刮涂、滚涂等方法将无定型液态冷涂料在常温下涂敷于地下室结构表面的一种防水做法。

水泥砂浆是采用合格材料，通过严格多层次交替操作形成的多防线整体防水层或掺入适量的防水剂以提高砂浆的密实性。

（2）混凝土防水　当地下室的墙采用混凝土或钢筋混凝土结构时，可连同底板采用防水混凝土，使承重、围护、防水功能三者合一。防水混凝土墙和底板不能过薄，一般外墙厚为

200mm 以上，底板厚应在 150mm 以上，否则会影响抗渗效果。为防止地下水对混凝土的侵蚀，在墙外侧应抹水泥砂浆，然后刷沥青，如图 5-36 所示。

（3）涂料防水　涂料防水是指在施工现场以刷涂、滚涂等方法将无定型液态冷涂料在常温下涂敷于地下室结构表面的一种防水做法。目前，地下防水工程应用的防水涂料包括有机防水涂料和无机防水涂料。有机防水涂料主要包括合成橡胶类、合成树脂类和橡胶沥青类。有机防水涂料固化成膜后最终形成柔性防水层，适宜做在结构主体的迎水面，并应在防水层外侧做刚性保护层；无机防水涂料主要包括聚合物改性水泥基防水涂料和水泥基渗透结晶型防水涂料，即

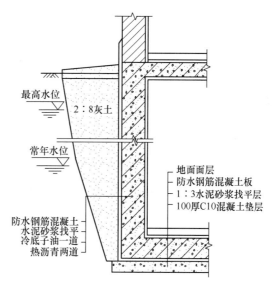

图 5-36　防水混凝土的防水做法

在水泥中掺入一定的聚合物，能够不同程度地改变水泥固化后的物理力学性能，这类防水涂料被认为是刚性防水材料，所以不适用于变形较大或受振动部位，适宜做在结构主体的背水面。涂料的防水质量、耐老化性能均较油毡防水层好，故目前在地下室防水工程中广泛应用。

（4）金属板防水　金属板防水适用于抗渗性能要求较高的地下室。金属板包括钢板、铜板、铝板、合金钢板等。金属板防水有内防水和外防水之分。当金属防水层为内防水时，防水层是预先设置的，防水层应与结构内的钢筋焊牢，并在防水层底板上预留浇捣孔，以保证混凝土浇筑密实，待底板混凝土浇筑完后再补焊密实；当为外防水时，金属板应焊在混凝土的预埋件上。金属防水板之间的接缝为焊缝，焊缝必须密实。一般适用于工业厂房地下烟道、热风道等高温高热的地下防水工程以及振动较大、防水要求严格的地下防水工程中。金属板防水构造如图 5-37 所示。

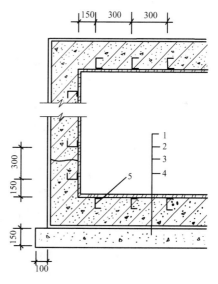

图 5-37　金属板防水构造

1—金属板；2—主体结构；
3—防水砂浆；4—垫层；5—锚固筋

第六章　墙体构造

一、墙体简述

1. 什么是墙体，墙体在建筑中起到什么作用？

墙体是建筑的主要围护构件和结构构件。在墙体承重的结构中，墙体承担其顶部的楼板或屋顶传递的荷载、水平风荷载、地震荷载以及墙体的自重等并将它们传给墙下的基础。墙体可以抵御自然界的风、雨、雪的侵袭，防止太阳辐射、噪声干扰，以及室内热量的散失，起保温、隔热、隔声、防水等作用；同时墙体还将建筑物室内空间与室外空间分隔开来，并将建筑物内部划分为若干个房间和各个使用空间。因此，墙体的作用可以概括为承重、围护和分隔。

二、墙体的类型和设计要求

1. 墙体是如何分类的？

（1）按墙体所处位置分　按墙体所处位置可分为外墙和内墙。外墙是指房屋四周与室外接触的墙，是建筑物的外围护结构，起着挡风、遮雨、保温、隔热等作用；内墙是位于房屋内部的墙，起着分隔内部空间的作用，如图 6-1 所示。

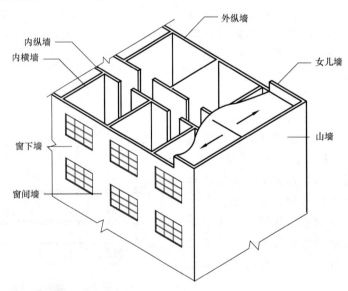

图 6-1　墙体构造与名称

（2）按建筑物的墙体在房屋中所处方向不同分　可分为横墙和纵墙，沿着建筑物横向布置的墙称为横墙，外横墙称为山墙。沿着建筑物纵向布置的墙称为纵墙，外纵墙也称为檐墙。在一面墙上，窗与窗之间的墙称为窗间墙；窗洞下部的墙为窗下墙。

（3）从结构受力情况来分　墙体可分为承重墙和非承重墙两种。直接承受上部屋顶、楼板传来的荷载的墙称为承重墙；不承受上部传来的荷载的墙称为非承重墙，非承重墙包括承自重墙、隔墙、填充墙和幕墙等。只承受自身重量的墙体称为承自重墙，分隔内部空间且其重量由楼板或梁承受的墙体称为隔墙，骨架结构中的填充在柱子间的墙称为框架填充墙，悬挂于骨架外部的轻质墙称为幕墙。

（4）墙体按构造方式不同分　有实体墙、空体墙、复合墙。实体墙是由普通黏土砖或其他砌块砌筑，或由混凝土等材料浇筑而成的实心砌体；空体墙是由普通黏土砖砌筑而成的空斗墙或由多孔砖砌筑或混凝土浇筑而成的具有空腔的墙体；复合墙是由两种或两种以上的材料组合而成的墙体。

（5）按施工方法和构造方式不同分　主要有叠砌式、板筑式和装配式三种，叠砌式是一种传统的砌墙方式，如实砌砖墙、空斗墙和砌块墙等；板筑式墙的墙体材料往往是散状或塑性材料，依靠事先在墙体部位设置模板，然后在模板内夯实或浇筑材料从而形成墙体，如夯土墙、滑模或大模板钢筋混凝土墙；装配式墙是在构件生产厂家事先制作墙体构件，在施工现场进行拼装。

2. 墙体的设计要求是什么？

（1）具有足够的强度和稳定性　作为承重构件的墙体，为了承受由楼板或屋顶传来的荷载，必须要有足够的强度。墙体的强度取决于墙体材料的强度和墙体的厚度，在墙体材料的强度确定的情况下，应该通过结构计算来确定墙体的厚度，以满足墙体强度的要求。

墙体的强度与墙体所用材料、墙体的厚度及构造和施工方式有关。墙体的稳定性则与墙的长度、高度和厚度有关，一般应通过控制墙体的高厚比保证墙体的稳定性，同时可通过加设壁柱、圈梁、构造柱及拉结钢筋等措施增加其稳定性。

（2）满足热工要求　北方寒冷地区要求围护结构具有较好的保温能力，以减少室内的热损失。为了使墙有足够的保温能力，墙体材料应选用热导率小的材料。在材料确定之后，墙的保温能力与墙的厚度成正比。因而室内外温度差越大，墙体的厚度应该越大。增加墙的厚度能提高墙的内表面温度，减少墙的内表面与室内空气的温差，降低蒸汽在墙的内部及内表面凝结的可能性。当墙由几种不同材料层组成时，把热导率小的材料放在低温一侧，把热导率大的材料放在高温一侧，可以有效防止墙的内部凝结。

（3）隔声要求　为了保证室内环境不受外界噪声的影响，墙体应该具有一定的隔声能力。墙体的隔声主要是指隔绝由空气传播的噪声。墙体的隔声能力与材料单位面积的质量有关，单位面积的质量越大，隔声能力越强。当墙的厚度一定时，体积密度大的材料单位面积的质量越大，所以体积密度大的材料对隔声有利。同一材料的墙越厚，对隔声也越有利。此外，也可以采用一些构造措施来提高墙体的隔声能力，如采用空气间层或多孔材料做夹层，加强门窗缝隙的密封等。

（4）满足防火要求　墙体的燃烧性能和耐火极限应符合防火规范的有关规定。在较大的建筑中，当建筑的单层建筑面积或长度达到一定指标，应进行防火分区的划分，防止火灾蔓延。划分防火区域一般设置防火墙。防火墙的设置如图6-2所示。

（5）经济性要求　在大量的民用建筑中，墙体工程量占据相当大的比重，劳动力消耗大，施工工期长。因此，墙体设计应合理选材，以方便施工；提高机械化施工程度，提高工效，降低劳动强度；并应采用轻质高强的墙体材料，以减轻自重、降低成本，逐步实现建筑工业化。同时，墙体设计应解决结构、热工、隔声之间的矛盾。

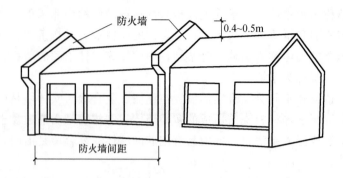

图 6-2 防火墙的设置

（6）其他要求 墙体还应满足防水、防潮、建筑工业化、经济等方面要求。

3. 按墙体的受力情况如何分类？

按受力情况墙可分为承重墙和非承重墙。承重墙是指直接承受由上部屋顶、楼板传来的荷载的墙体；非承重墙是指不承受由上部屋顶、楼板传来的荷载的墙体。非承重墙还可分为自承重墙、填充墙、隔墙和幕墙等。自承重墙仅承担自身重量，并将自重传给基础；填充墙是指在框架结构中填充在框架间的墙，又称框架墙；隔墙仅起到分隔空间的作用，其自身的重量由楼板或梁来承受，一般较为轻、薄；幕墙是在框架结构外侧悬挂，固定在梁柱上的起围护作用的墙，不承受竖向荷载，高层建筑外侧的幕墙，受高空气流影响需承受以风力为主的水平荷载，并通过与梁柱的连接传递给框架系统。图 6-3 为墙体按受力情况分类示意。

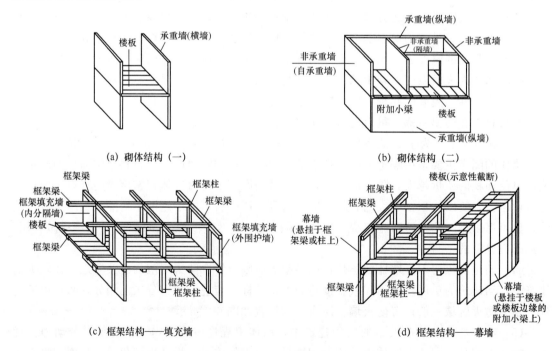

图 6-3 墙体按受力情况分类示意

三、砌体墙的基本构造

1. 什么是砌体墙？包括哪些类型？

砌体墙（图 6-4）是指的是用块体和砂浆通过一定的砌筑方法砌筑而成的墙体。

块体一般包括：实心砖、空心砖、轻骨料混凝土砌块、混凝土空心砌块、毛料石、毛石等。

图 6-4 砌体墙

2. 砌体墙的砌筑方法包括哪些？

组砌是指块材在砌体中的排列。在砖墙的组砌中，将砖的长度方向垂直于墙面砌筑的砖称为丁砖，将砖的长度方向平行于墙面砌筑的砖称为顺砖。上下两皮砖之间的水平缝称横缝，左右两块砖之间的缝称竖缝。标准缝宽为 10mm，可以在 8～12mm 间进行调节。为了确保墙体的质量，在砌筑墙体时必须做到横平竖直、错缝搭接、砂浆饱满、厚薄均匀。

标准尺寸的实心砖的墙厚通常用砖长的倍数来命名。图 6-5 所示为墙厚与砖的规格关系。

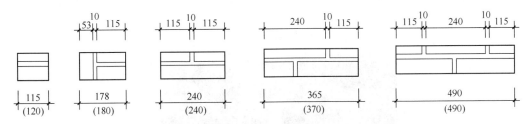

图 6-5 墙厚与砖的规格关系

实体墙常见的组砌方式如图 6-6 所示。

3. 构成砌体墙的材料有哪些？

（1）砖 砖的种类很多，按其使用材料可分为黏土砖、砂砖、炉渣砖等；按形状特点可分为实心砖、空心砖、多孔砖等；按制作工艺可分为烧结和蒸压养护成型等方式。

蒸压灰砂砖（图 6-7）是以石灰和砂为主要原料，经坯料制备、压制成型、蒸压养护而成的实心砖，简称灰砂砖。蒸压粉煤灰砖是以粉煤灰为主要原料，掺加适量石膏和集料，经过制备、压制成型、高压蒸汽养护而成的实心砖。

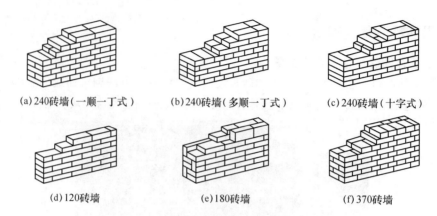

(a)240砖墙(一顺一丁式)　(b)240砖墙(多顺一丁式)　(c)240砖墙(十字式)

(d)120砖墙　　　　　(e)180砖墙　　　　　(f)370砖墙

图 6-6　砌墙的组砌方式

图 6-7　蒸压灰砂砖

烧结空心砖（图 6-8）和烧结多孔砖都是以黏土、页岩、煤矸石等为主要原料经焙烧而成的。空心砖孔洞率大于或等于 35%，孔洞为水平孔。多孔砖孔洞率为 15%～30%，孔洞尺寸小而数量多。这两种砖适用于非承重墙体，但不应用于地面以下或防潮层以下的砌体。

图 6-8　烧结空心砖

　　普通烧结砖有自重大、体积小、生产能耗高、施工效率低等缺点，用烧结多孔砖（图 6-9）和烧结空心砖代替烧结普通砖，可使建筑物自重减轻 30% 左右，节约黏土 20%～30%，节省燃料 10%～20%，墙体施工功效提高 40%，并改善砖的隔热隔声性能。通常在相同的热工性能要求下，用空心砖砌筑的墙体厚度比用实心砖砌筑的墙体减薄半砖左右，所以推广使用多孔砖和空心砖是加快我国墙体材料改革，促进墙体材料工业技术进步的重要措施之一。

图 6-9　烧结多孔砖

　　（2）砂浆　砂浆（图 6-10）是由胶结材料（水泥、石灰）和填充材料（砂、粉煤灰等）加水搅拌而成的，它将砖块胶结成一个整体，并将砖块之间的空隙填平、密实，使传力均匀，以保证砌体的强度。

图 6-10　砂浆

砌筑墙体的砂浆常用的有混合砂浆、石灰砂浆和水泥砂浆三种，石灰砂浆是由石灰膏、砂加水搅拌而成的。它属于气硬性材料，强度不高，多用于砌筑次要建筑物地面以上的部分及防水防潮要求不高的地方。混合砂浆是由石灰膏、水泥和砂加水搅拌而成的，混合砂浆具有一定的强度以及良好的和易性，所以被广泛采用。水泥砂浆是由水泥、砂加水搅拌而成的，它具有强度高、防潮、防水效果好的优点，多用于砌筑基础及地面以下的墙体，以及防潮、防水要求较高的墙体。

（3）砌块 砌块（图6-11）是利用混凝土、工业废料（炉渣、粉煤灰等）或地方材料制成的人造块材，外形比砖大，最大的优点是可以充分利用工业废料和地方材料，且制作方便，施工简单，不需大型的起重运输设备，且具有较大的灵活性。既容易组织生产，又能减少对耕地的破坏和节约能源。

砌块的类型很多，按材料分有普通混凝土砌块、轻骨料混凝土砌块、加气混凝土砌块以及利用各种工业废料制成的砌块。按构造分有空心砌块和实心砌块，空心砌块有单排方孔、单排圆孔和多排扁孔等形式，其中多排扁孔对保温较为有利。按砌块在砌体中的作用和位置可分为主砌块和辅砌块。按砌块的质量和尺寸分有小型砌块、中型砌块、大型砌块，砌块系列中主规格的高度为115～380mm，单块质量不超过20kg的为小型砌块；高度为380～980mm，单块质量在20～350kg之间的为中型砌块；高度大于980mm，单块质量大于350kg的为大型砌块。中小型砌块是我国目前采用较多的砌块。

图 6-11　砌块

四、隔墙构造

1. 什么是隔墙？

隔墙（图6-12）是指建筑中不承受任何外来荷载只起到分隔室内空间作用的墙体。

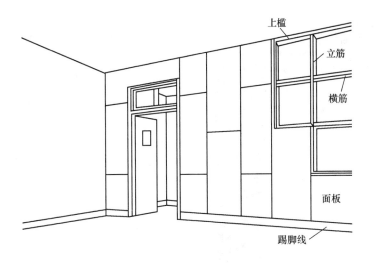

图 6-12　隔墙结构示意

2. 隔墙起到什么作用？

隔墙起到分隔房间的作用，要求隔声能力好、防火能力强，而且对一些特殊的房间，如厨房、卫生间等还要求具有防水、防潮等功能。隔墙不承受任何外来荷载，并且自身的重量还要由其他构件来支承，因此应自重轻、厚度薄、少占用空间。此外，考虑房间的分隔状况有可能需要改变，所以隔墙应尽量采用便于拆除而又不对其他构件造成破坏的构造形式。

3. 隔墙构造设计应满足什么要求？

①重量轻，有利于减轻楼板的荷载。

②厚度薄，增加建筑的有效空间。

③有一定的隔声能力，避免各房间干扰。

④便于拆装，能随着使用要求的改变而变化。

⑤按使用部位不同，有不同的要求，如防潮、防水、防火等。

4. 隔墙分为几大类？

（1）块材隔墙　块材隔墙是用普通黏土砖、空心砖以及各种轻质砌块等块材砌筑而成的，常用的有普通砖隔墙和砌块隔墙两种。

①普通砖隔墙。普通砖隔墙（图 6-13）有半砖隔墙和 1/4 砖隔墙之分。对于半砖隔墙，当采用 M2.5 的砂浆砌筑时，其高度不宜超过 3.6m，长度不宜超过 5m；当采用 M5 级砂浆砌筑时，其高度不宜超过 4m，长度不宜超过 6m。否则在构造上除砌筑时应与承重墙牢固搭接外，还应该在墙身高度方向每隔 600mm 加 2φ4 的拉结钢筋予以加固。此外，砖隔墙顶部与楼板或梁相接处，为使墙与楼板或梁挤紧，可用立砖斜砌，或留有 30mm 的空隙，每隔 1m 用木楔钉紧。

1/4 砖墙是利用标准砖侧砌而成的，由于

图 6-13　普通砖隔墙

图 6-14 砌块隔墙

1/4 砖隔墙厚度薄、稳定性差，其高度不宜超过 3m，一般用不小于 M5 级的砂浆砌筑，可用于厨房和卫生间的隔墙等面积不大的墙体的砌筑。

②砌块隔墙。为减轻隔墙自重，可采用轻质砌块，如加气混凝土块、粉煤灰砌块、水泥炉渣砌块等。墙厚由砌块尺寸决定，一般为 90～120mm，加固措施同 1/2 砖隔墙的做法。因砌块大多具有质轻、孔隙率大、隔热性能好等优点，但吸水率大，故在砌筑时先在墙下实砌 3～5 皮实心黏土砖再砌砌块，如图 6-14 所示。

（2）轻骨架隔墙　轻骨架隔墙又称立筋隔墙，它由骨架和面层两部分组成。

①骨架。骨架的种类很多，常用的是木骨架、轻钢骨架和铝合金骨架等。

木骨架是由上槛、下槛、墙筋、横撑或斜撑组成的，具有自重轻、构造简单、便于拆装等优点，但防水、防潮、防火、隔声性能较差。

轻钢骨架是由各种形式的薄壁压型钢板加工制成的，也称轻钢龙骨，如图 6-15 所示。它具有强度高、刚度大、重量轻、整体性好、易于加工和大批量生产以及防火、防潮性能好等优点。轻钢骨架与木骨架一样，也是由上槛、下槛、墙筋、横撑或斜撑组成的，如图 6-16 所示。骨架的安装过程是：先用射钉将上、下槛固定在楼板上，然后安装轻钢龙骨。

②面层。隔墙的面层有抹灰面层和人造板面层两种。抹灰面层一般采用木骨架，如传统的木板条抹灰隔墙；人造板面层则是在木骨架或轻钢龙骨上铺钉各种人造板材，如装饰吸声板、钙塑板及各种胶合板、纤维板等。

a. 板条抹灰面层。板条抹灰隔墙是过去常用的一种隔墙，具有重量轻、便于安装和拆卸的特点，但防火性能差，防水性也不好，耗费木材，目前很少采用。安装时，先在木骨架两侧钉上木板条，然后抹灰。板条钉在墙筋立柱上时，板条之间应在垂直方向留出 6～10mm 的缝隙，以便抹灰时灰浆挤入缝内抓住板条。板条的接头必须位于墙筋立柱上，板条端部之间要留出 3～5mm 的空隙，防止抹灰后板条吸水膨胀相顶而弯，也可在稀铺的板条上钉一层钢丝网，或取消板条，在立筋上直接钉钢丝网，然后在钢丝网上直接抹灰，由于钢丝网变形小、强度高，所以抹灰面层不易开裂。

b. 人造板面层。人造板面层骨架隔墙是在骨架两侧铺钉胶合板、纤维板、石膏板或其他轻质薄板构成的隔墙。面板可用镀锌螺钉固定在骨架上，也可采用粘贴的方式。为提高隔墙的隔声和防火能力，可在面板间填充岩棉等轻质有弹性的材料，这种隔墙重量轻，易拆除，且湿作业少。胶合板、硬质纤维板等以木材为原料的板材多用木骨架，石膏板多用轻钢骨架。

图 6-15 轻钢龙骨 图 6-16 轻钢骨架

（3）板材隔墙 板材隔墙是指板的长度相当于房间净高，面积较大，不依赖于骨架直接装配而成的隔墙。它具有自重轻、安装方便、施工速度快、工业化程度高等特点。预制条板的厚度大多为 60～100mm，宽度为 600～1000mm，长度略小于房间净高。板材用黏结剂固定，板缝用腻子补平后即可进行装修。常用的板材有加气混凝土条板、各种轻质墙板和复合板等。

①加气混凝土条板隔墙。加气混凝土条板是以硅质材料（砂、粉煤灰等）和钙质材料（石灰、水泥）为主要原料，掺加发气剂（铝粉），通过配料、搅拌、浇注、预养、切割、蒸压、养护等工艺过程制成的轻质多孔硅酸盐制品。加气混凝土条板具有自重轻，节省水泥，运输方便，施工简单，可锯、可刨、可钉等优点，但加气混凝土吸水性大，耐腐蚀性差，强度较低，运输、施工过程中易损坏，不宜用于具有高温、高湿或有化学、有害气体介质的建筑中。图 6-17 为加气混凝土条板隔墙实例。

图 6-17 加气混凝土条板隔墙

②轻质墙板隔墙。轻质墙板一般包括玻璃纤维增强水泥条板、钢丝增强水泥条板、增强石膏空心条板、轻骨料混凝土条板等。选用时，其板长应为层高减去楼板、梁等顶部构件的尺寸，板厚应满足防火、隔声、隔热等要求。单层条板墙体作为分户墙时，厚度不应小于120mm；用做户内分室隔墙时，厚度不宜小于 90mm。条板的使用应与墙体的高度相适应，条板墙体的限制高度为：60mm 厚板为 3.0m；90mm 厚板为 4.0m；120mm 厚板为 5.0m。

轻质墙板隔墙如图 6-18 所示。

图 6-18　轻质墙板隔墙

③复合板隔墙。复合墙板是由几种材料制成的多层板。复合板的面层有石棉水泥板、石膏板、铝板、树脂板、硬质纤维板、压型钢板等。夹芯材料可采用矿棉、木质纤维、泡沫塑料和蜂窝状材料等。复合板充分利用材料的性能，大多具有强度高及耐久性、防水性、隔声性能好的优点，且安装、拆卸简便，有利于建筑工业化。复合墙板常用的产品有以下几种。

a. 钢丝网泡沫塑料水泥砂浆复合板。钢丝网泡沫塑料水泥砂浆复合板是将镀锌钢丝焊成网片，再由两片相距 50～60mm 的网片连接组成三向的钢丝网笼构架，内填阻燃的聚苯乙烯泡沫塑料芯层，现场拼装后在面层抹水泥砂浆而成的轻质隔墙复合板材，如图 6-19 所示。它的优点是自重轻、整体性好，缺点是湿作业量大。

图 6-19　钢丝网泡沫塑料水泥砂浆复合板

b. 蜂窝夹芯板。蜂窝夹芯板由两层玻璃布、胶合板、纤维板或铝板等薄而强的材料做面板，中间夹一层用纸、玻璃布或铝合金材料制成的蜂窝状的芯板，如图 6-20 所示。这种蜂窝夹芯板轻质、高强，隔声、隔热效果好，可用做隔墙、隔声门，还可用做幕墙。

c.金属面夹芯板。金属面夹心板是采用镀锌钢板、铝合金板等金属薄板与岩棉、玻璃棉、聚氨酯、聚苯乙烯等隔声、绝热芯材黏结、复合而成的板材，如图6-21所示。它具有质轻、高强、绝热、隔声、装饰性好、施工便捷等特点，广泛应用于隔墙板、外墙板、屋面板、吊顶板等构件，特别适合用做大跨度、大空间建筑的围护材料。

图 6-20　蜂窝夹芯板

图 6-21　金属面夹芯板

五、幕墙构造

1. 什么是幕墙？

幕墙是指悬挂在建筑物结构表面的非承重墙。

框架结构的建筑物中不承重的外墙除了可以用砌体墙填充外，还可以采用板材作为围护构件。这些板材通过一套附加的杆件系统与主体结构相连接，悬挂于建筑物的外表面，这样的外墙称为幕墙。幕墙模糊了建筑的分层、墙面与门窗的区分等印象，使得建筑外表面成为一体，幕墙荷载由结构框架承受，幕墙只承受自重和风荷载。

2. 幕墙可使用的材料有哪些？

（1）玻璃幕墙　玻璃幕墙（图6-22）主要是应用玻璃饰面材料覆盖建筑物的表面。玻璃幕墙的自重及受到的风荷载通过连接件传到建筑物的结构上。玻璃幕墙自重轻、用材单一、更换性强、效果独特，但考虑到能源损耗、光污染等问题，不能滥用。

玻璃幕墙所用材料基本上有幕墙玻璃、骨架材料和填缝材料三种。幕墙玻璃主要有热反射玻璃（镜面玻璃）、吸热玻璃（染色玻璃）、双层中空玻璃及夹层玻璃、夹丝玻璃和钢化玻璃等。玻璃幕墙的骨架主要由构成骨架的各种型材以及连接与固定用的各种连接件、紧固件组成。填缝材料一般由填充材料、密封材料与防水

图 6-22　玻璃幕墙

材料组成。

①有骨架玻璃幕墙。

a. 外露骨架玻璃幕墙。外露骨架幕墙的玻璃板镶嵌在铝框内，成为四边有铝框的幕墙构件。幕墙构件镶嵌在横框及立柱上，形成框、立柱均外露，铝框分格明显。横框和立柱本身兼龙骨及固定玻璃的双重作用。横梁上有固定玻璃的凹槽，不用其他配件，如图 6-23 所示。

图 6-23　外露骨架玻璃幕墙实体

b. 隐蔽骨架玻璃幕墙。隐蔽骨架玻璃幕墙（图 6-24）是指玻璃用结构胶直接黏固在骨架上，外面不露骨架的幕墙。其玻璃安装简单，幕墙的外观简洁大方。

图 6-24　隐蔽骨架玻璃幕墙实体

②无骨架玻璃幕墙。无骨架玻璃幕墙（图6-25）由面玻璃和肋玻璃组成，面玻璃与肋玻璃相交部位应留出一定的间隙，用以注满聚硅氧烷系列密封胶，全玻璃幕墙所用的玻璃多为钢化玻璃和夹层钢化玻璃。

在建筑物底层及旋转餐厅，为满足游览观光需要，有时需要采取完全透明、无遮挡的全玻璃幕墙。

图 6-25　无骨架玻璃幕墙

③点式玻璃幕墙。点式玻璃幕墙（图6-26）的全称为金属支承结构点式玻璃幕墙，是采用计算机设计的现代结构技术和玻璃技术相结合的一种全新建筑空间结构体系。幕墙骨架主要由无缝钢管、不锈钢拉杆（或再加拉索）和不锈钢爪件组成，它的面玻璃在角位打孔后，用金属接驳件连接到支承结构的全玻璃幕墙上。玻璃是通过不锈钢爪件穿过玻璃上预钻的孔得以可靠固定的。

图 6-26　点式玻璃幕墙

幕墙在与主体建筑的楼板、内隔墙交接处的空隙，必须采用岩棉、矿棉、玻璃棉等难燃烧材料填缝，并采用厚度在1.5mm以上的镀锌耐热钢板（不能用铝板）封扣。接缝处与螺丝口应该另用防火密封胶封堵。对于幕墙在窗间墙、窗槛墙处的填充材料应该采用不燃烧材料，除非外墙而采用耐火极限不小于1.0h的不燃烧体时，该材料才可改为难燃烧体。

（2）金属板幕墙　金属板幕墙（图6-27）多用于建筑物的入口处、柱面、外墙勒脚等部位。金属板幕墙中最常见的是铝板幕墙，铝板常用平铝板、蜂窝铝板、复合铝板。复合铝板也叫铝塑板，表层双面为0.4～0.5mm的铝板，中间为聚乙烯芯材。蜂窝铝板两面为厚0.8～1.2mm及1.2～1.8mm的铝板，中间为铝箔芯材、玻璃钢芯材或混合纸芯材等。蜂窝形状为波形、六角形、长方形及十字形等。

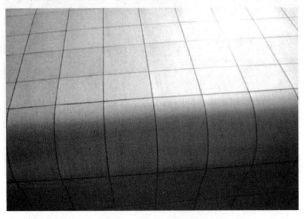

图6-27　金属板幕墙

金属板幕墙多为有骨架幕墙体系，金属板与铝合金骨架连接，采用镀锌螺钉或不锈钢螺栓连接。

（3）石材幕墙　石材幕墙（图6-28）的用材主要有花岗石、大理石及青石板。花岗石耐磨、耐酸碱、耐用年限长，主要用于重要建筑的基座、墙面、柱面、勒脚和地面等部位。大理石质脆、硬度低、抗冻性差，室外耐用年限短，当用于室外时，需在表面涂刷有机硅等罩面材料进行保护。青石板材质较软、易风化，其纹理构造可取得风格自然的效果。

石材幕墙分为骨式和无骨式两种形式。石板与金属骨架多用金属连接件钩或挂连接。

图6-28　石材幕墙

3. 玻璃幕布的构造分为几类？

（1）有框式幕墙（图 6-29） 幕墙与主体建筑之间的连接杆件系统通常会做成框格的形式。如果框格全部暴露出来，就称为明框幕墙；如果垂直或者水平两个方向的框格杆件只有一个方向的暴露出来，就称为半隐框幕墙（包括竖框式和横框式）；如果框格全部隐藏在面板之下，就称为隐框幕墙。

有框式幕墙的安装可以分为现场组装式和组装单元式两种。前者先将连接系统固定在建筑物主体结构的柱、承重墙、边梁或者楼板上的预埋铁上，再将面板用螺栓或卡具逐一安装到连接杆上去。后者是在工厂预先将幕墙面板和连接杆件组装成较小的标准单元或是较大的整体单元，例如层间单元等，然后运送到现场直接安装就位。

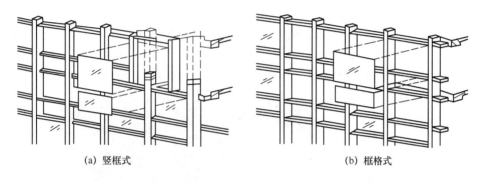

(a) 竖框式   (b) 框格式

图 6-29 有框式幕墙

（2）全玻式幕墙 全玻式幕墙（图 6-30）抛弃了普通玻璃幕墙的金属框架结构，面板与连接构件都由玻璃制成，利用大板块厚玻璃做面板，连接构件做成肋的形式，与主体结构连接，达到通透的装饰效果。全玻璃幕墙在结构形式上主要分为玻璃肋坐地式全玻璃幕墙和玻璃肋吊挂式全玻璃幕墙两种。玻璃肋坐地式全玻璃幕墙在玻璃面板高度不超过 3m 时，可采

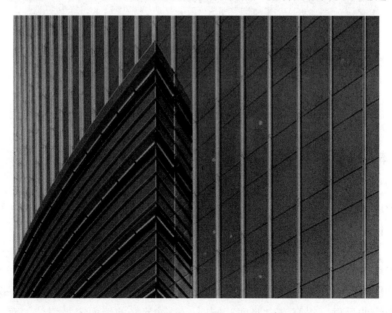

图 6-30 全玻式幕墙

用底部支持；玻璃高度大于 3m 而不超过 5m 时，则采用玻璃肋作为支撑结构以加强面玻璃的刚度。玻璃肋吊挂式全玻璃幕墙适用于 5～13m 的玻璃面板，采用整块玻璃吊挂式安装，上部用吊挂专用夹具将玻璃紧紧夹持并整体吊起，避免了因玻璃自重引起的弯曲，同时保证在受风压、地震等外力作用时，可沿力的方向作小幅摇摆，从而分散应力，即使下部受意外强力冲击而产生破裂，其上部仍悬挂于主体结构上，可避免整体玻璃坍塌造成人身伤害，从而提高安全性。

（3）点支式幕墙　安装点支式幕墙（图 6-31）时，先在玻璃面板四角开孔，用穿入面板玻璃孔中的螺栓固定在钢爪上，钢爪可以安装在连接杆件上，也可以安装在具有柔韧性的钢索上，构成点支式玻璃幕墙的受力体系。所有连接杆件与主体结构之间均为铰接，玻璃之间留出不小于 10mm 的缝来打胶。这样在使用过程中有可能产生的变形应力就可以消耗在各个层次的柔性节点上，而不至于导致玻璃本身的破坏。这种方法多用于需要大片通透效果的玻璃幕墙上，全玻式幕墙虽然也可达到通透的效果，但其受单块玻璃最大高度尺寸的限制，高度超过 13m 的通透性的玻璃幕墙，一般采用点支式玻璃幕墙系统。

图 6-31　点支式幕墙

六、墙体构造做法

1. 墙面装修的作用与做法是什么？

（1）保护墙体　建筑物的外墙会受到风、霜、雨、雪、太阳辐射等各种不利因素的侵袭，内墙在人们使用过程中也会受到各种因素影响，如受潮、碰撞等，因此，应对墙面装修以保护墙体。

（2）改善墙体的物理性能和使用条件　墙面装修增加了墙体的厚度以及密封性，提高了墙体的保温性能，同时由于厚度和重量增加提高了墙体的隔声能力；光洁、平整、浅色的墙体可增加对光线的反射，提高室内照度。同时，经过装修的墙面容易清洁，有助于改善室内的卫生环境。

（3）美化和装饰 进行墙面装修，可根据室内外环境的特点，合理运用不同建筑饰面材料的质地色彩，通过巧妙组合，创造出优美和谐的室内外环境，给人以美的享受。

（4）抹灰 抹灰是我国传统的饰面做法，是用水泥、石灰膏为胶结材料加入砂或石渣与水拌和成砂浆或石渣浆，抹到墙面上的一种操作工艺，属湿作业。它的材料来源广泛，施工操作简便，造价低廉，通过改变工艺可获得不同的装饰效果，因此在墙面装修中应用广泛。缺点是耐久性差、易干裂、变色，多为手工湿作业施工，施工效率较低。

抹灰分为一般抹灰和装饰抹灰两类。一般抹灰为石灰砂浆、混合砂浆、水泥砂浆等；装饰抹灰有水刷石、干粘石、斩假石等。

墙面抹灰有一定的厚度，一般外墙为 20～25mm，内墙为 15～20mm。为避免抹灰出现裂缝，使抹灰层与墙面黏结牢固，抹灰层不宜过厚，且要分层施工。对于普通标准的抹灰，一般分底层、面层两层构造；高标准的抹灰分为底层、中层、面层三层构造，如图 6-32 所示。

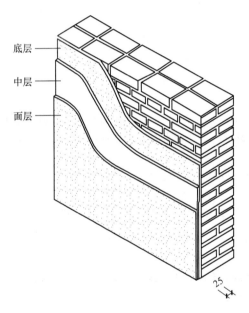

图 6-32 墙面抹灰分层构造

底层抹灰的作用是使装饰层与墙面基层黏结牢固和初步找平，又称找平层或打底层。根据基层材料的不同，应选用不同的底灰材料，对于砖、石墙可采用水泥砂浆或混合砂浆打底；当基层为板条时，应采用石灰砂浆做底灰，并在砂浆中掺入麻刀或其他纤维；轻质混凝土砌块墙的底灰多用混合砂浆或聚合物砂浆；对于混凝土墙或湿度大的房间或有防水、防潮要求的房间，底灰宜选用水泥砂浆。

中层抹灰的主要作用是进一步找平，降低底层砂浆开裂导致面层开裂的可能性。所用材料与底层基本相同，也可以根据装修要求选用其他材料。

面层抹灰又称罩面，对墙体的使用质量和美观具有重要作用，要求表面平整、色彩均匀、无裂痕，可以做成光滑、粗糙等不同质感的表面。常见抹灰的具体构造做法见表 6-1。

表 6-1　墙面抹灰做法举例

抹灰名称	做法说明	适用范围
水泥砂浆抹灰	（1）清扫积灰，适量洒水；刷界面处理剂一道 （2）12mm 厚 1∶3 水泥砂浆打底扫毛 （3）8mm 厚 1∶2.5 水泥砂浆抹面	（1）砖石基层的墙面 （2）混凝土基层的墙面
	（1）12mm 厚 1∶3 水泥砂浆打底 （2）5mm 厚 1∶1.25 水泥砂浆抹面，压实赶光 （3）刷（喷）内墙涂料	砖基层的内墙涂料
	（1）刷界面处理剂一道 （2）6mm 厚 1∶0.5∶4 水泥石灰膏砂浆打底扫毛 （3）5mm 厚 1∶1∶6 水泥石灰膏砂浆扫毛 （4）5mm 厚 1∶2.5 水泥砂浆抹面，压实赶光 （5）刷（喷）内墙涂料	加气混凝土等轻型材料的内墙
水刷石	（1）清扫积灰，适量洒水；刷界面处理剂一道 （2）12mm 厚 1∶3 水泥砂浆打底扫毛 （3）刷素水泥浆一道 （4）8mm 厚 1∶1.5 水泥石子罩面，水刷露出石子	（1）砖石基层的外墙 （2）混凝土基层的外墙
	（1）刷加气混凝土界面处理剂一道 （2）6mm 厚 1∶0.5∶4 水泥石灰膏砂浆打底扫毛 （3）5mm 厚 1∶1∶6 水泥石灰膏砂浆抹平扫毛 （4）刷素水泥浆一道 （5）8mm 厚 1∶1.5 水泥石子罩面，水刷露出石子	加气混凝土等轻型材料的外墙

续表

抹灰名称	做法说明	适用范围
斩假石	(1) 清扫积灰，适量洒水；刷界面处理剂一道 (2) 10mm厚1：3水泥砂浆打底扫毛 (3) 刷素水泥浆一道 (4) 10mm厚1：1.25水泥石子抹灰 (5) 剁斧斩毛两遍	(1) 砖石基层的外墙 (2) 混凝土基层的外墙

（5）贴面 贴面主要分为以下两类。

① 陶瓷面砖、陶瓷锦砖贴面装修。面砖是多数以陶土或瓷土为原料，压制成形后煅烧而成的饰面块。由于面砖不仅可以用于墙面，也可以用于地面，所以也称为墙地砖。它的表面可挂釉也可不挂釉。釉面砖色彩艳丽、装饰性强，多用于内墙；无釉面砖质地坚硬、防冻、防腐蚀，主要用于外墙面的装饰。面砖的厚度为8～12mm，长宽范围为60～400mm。一般面砖背面留有凹凸的纹路，以利于面砖粘贴牢固。面砖铺设如图6-33所示。

图6-33 面砖铺设

陶瓷锦砖（图6-34）也称为马赛克，与面砖相比，其优点是表面致密、坚硬耐磨、耐酸碱、不易变色、造价低。马赛克尺寸较小，根据其花色品种，可拼成各种花纹图案，工厂先按设计的图案将小块材正面向下贴在500mm×500mm大小的牛皮纸上，铺贴时牛皮纸面向外将马赛克贴于饰面基层上，用木板压平，待凝固后将纸洗掉即可。

还有一种玻璃锦砖又叫玻璃马赛克，是半透明的玻璃质饰面材料。与陶瓷马赛克一样，生产时将小玻璃瓷片铺贴在牛皮纸上。它质地坚硬、色调柔和典雅、性能稳定，具有耐热、耐寒、耐腐蚀、不龟裂、表面光滑、不褪色等特点，且背面带有凸棱线条，可与基层黏结牢固，是较为理想的墙面装饰材料。

图 6-34　陶瓷锦砖

　　②石材贴面装修。通常使用的天然石板有大理石板、花岗岩板两类。大理石又称云石，表面经磨光后纹理雅致、色泽鲜艳，常用于重要的民用建筑的内墙面；花岗岩质地坚硬、不易风化，常用于民用建筑的主要外墙面、勒脚等部位，给人以庄严稳重之感。它们都具有强度高、结构密实、不易污染和装修效果好等优点，但是加工复杂、价格昂贵，故一般用于高级墙面装饰中，如图 6-35 所示。

　　人造石板一般由水泥、彩色石子、颜料等配合而成，具有天然石材的花纹和质感、重量轻、表面光洁、造价较低等优点。常见的有水磨石板、人造大理石板。

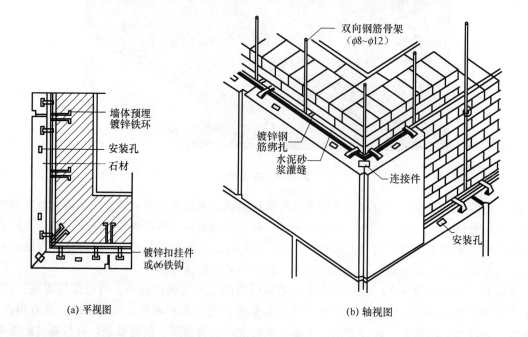

(a) 平视图　　　　　　　　　　　　　　　(b) 轴视图

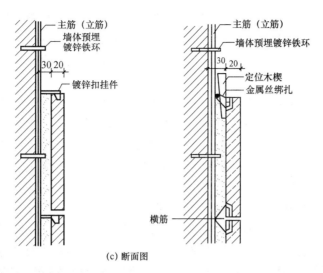

(c) 断面图

图 6-35　石材贴面构造

　　天然石材和人造石材的安装方法基本相同，可分为湿挂石材法和干挂石材法。

　　湿挂石材法是先在墙内或柱内预埋 $\phi6$ 的镀锌铁环，间距依石材的规格而定，而铁环内立 $\phi6$ 或 $\phi8$ 和横筋，形成钢筋网。在石板上下钻小孔，用双股 16 号钢丝绑扎固定在钢筋网上。上下两块石板用不锈钢卡销固定。板与墙之间留有 $20\sim30mm$ 的缝隙，上部用定位活动木楔做临时固定，校正无误后，在板与墙之间浇筑 1：3 水泥砂浆，待砂浆初凝后，取掉定位活动木楔，继续上层石板的安装。

　　干挂石材法又叫连接件挂接法，采用此法时，须使用一组高强度、耐腐蚀的金属连接件，将石材饰面与结构可靠地连接起来，其间的空气间层不做灌浆处理。主要优点：饰面效果好，石材在使用过程中不出现泛碱现象；无湿作业，施工不受季节限制，施工速度快，效果好，现场清洁；石材背面不灌浆，既形成了一个空气间层有利于隔热，又减轻了建筑物的自重，有利于抗震。但采用干挂石材法的造价比湿挂石材法高 30％以上。目前，在国内外石材高级装修中，普遍采用干挂石材法。石材贴面无龙骨干挂构造如图 6-36 所示。

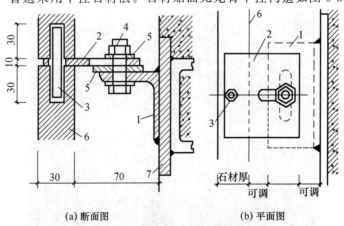

(a) 断面图　　　　(b) 平面图

图 6-36　石材贴面无龙骨干挂构造

1—角钢；2—钢板；3—可调插接件；4—连接螺栓；5—不锈钢垫圈；6—石板；7—预埋钢板

③涂料类。涂料（图6-37）是指涂敷于物体表面后，能与基层很好地黏结，从而形成完整而牢固的保护膜的面层物质。这种物质对被涂物体有保护、装饰作用。它具有造价低、装饰效果好、工期短、工效高、自重轻以及操作简单、维修方便、更新快等特点，因而在建筑行业中得到了广泛应用。

建筑涂料的品种很多，应根据建筑物的使用功能、所处部位、基层材料、地理环境、施工条件等，选择装饰效果好、黏结力强、耐久性好、对大气无污染和造价低的涂料。

④裱糊类。裱糊类墙面装修（图6-38）是将各种装饰性的墙纸、墙布、织棉等装饰性材料裱糊在墙面上的一种装修做法。裱糊类墙面装饰性强、经济、施工方法简洁高效，无论曲面还是在转折处均可获得连续饰面效果。

常用的装饰材料有 PVC 塑料墙纸、复合壁纸、金属面墙纸、天然木纹面墙纸、玻璃纤维装饰墙布、织棉墙布等。墙面应采用整幅裱糊，并统一预排对花拼缝。裱糊的顺序应先上后下、先高后低，应使长边对准基层上弹出的垂直准线，用刮板或胶辊撑平压实。

图 6-37　涂料　　　　　　　　　　　图 6-38　裱糊类墙面装修

⑤铺钉类。铺钉类墙面装修（图6-39）是指以天然的木板或各种人造薄板采用镶、钉等方式对墙面进行装修处理。铺钉类墙面是由骨架和面板组成的，骨架有木骨架和金属骨架两种，骨架通过预埋件固定在墙身上。面板有硬木板、胶合板、纤维板、石膏板等各种装饰面板以及近年来应用日益广泛的金属面板，面板通过圆钉、螺丝等固定在骨架上，也可用胶黏剂黏结。

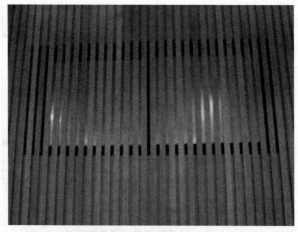

图 6-39　铺钉类墙面装修

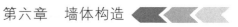

2. 如何按幕墙的组合方式和构造做法分类？

（1）玻璃幕墙　玻璃幕墙的组合方式和构造做法分类见表6-2。

表6-2　玻璃幕墙的组合方式和构造做法分类

类　型	内　容
明框玻璃幕墙	（1）金属框的构成及连接。金属框可用铝合金及不锈钢型材构成。其中铝合金型材易加工，耐久性好、质量轻、外表美观，是玻璃幕墙理想的框格用料。 　　金属框由立柱（竖梃）、横梁（横档）构成。立柱采用连接件连接主体结构的楼板或梁。连接件上的螺栓孔一般为长圆孔，以便于立柱安装时调整定位。上、下立柱采用内衬套管用螺栓连接，横梁采用连接角码与立柱连接。 　　（2）玻璃幕墙的内衬墙和细部构造。玻璃幕墙的面积较大，应考虑保温、隔热、防火、隔声及室内功能等要求，在玻璃幕墙背面要另设一道内衬墙，内衬墙可按隔墙构造方式设置，应搁置在楼板上，并与玻璃幕墙之间形成一道空气层。幕墙的保暖隔热，可用玻璃棉、矿棉等轻质保暖材料填充在内衬墙与幕墙之间，如果加铺一层铝箔则隔热效果更佳。为了防火和隔声，必须用耐火极限不低于1h的绝缘材料将幕墙与楼板、幕墙与立柱之间的间隙堵严。当建筑设计不考虑设衬墙时，可在每层楼板边缘设置耐火极限≥1h、高度（含楼层梁板厚度）≥0.8m的实体构件。如果在玻璃、铝框、内衬墙和楼板外侧等处出现凝结水（寒冷天气时），可将幕墙的横档做成排水沟槽，设滴水孔将水排走，还应在楼板侧壁设一道铝制披水板，把凝结水引导至横档中排走
隐框玻璃幕墙	隐框玻璃幕墙是将玻璃用聚硅氧烷结构胶粘于金属附框上，以连接件将金属附框固定于幕墙立柱和横梁所形成的框格上的幕墙形式。因其外表看不到框料，故称为隐框玻璃幕墙
全玻幕墙	全玻幕墙是由玻璃板和玻璃肋制作的玻璃幕墙。全玻幕墙的支承系统分为悬挂式、支承式和混合式三种
点式玻璃幕墙	点式玻璃幕墙是用金属骨架或玻璃肋形成支撑受力体系，安装连接板或钢爪并将四角开圆孔的玻璃用螺栓安装于连接板或钢爪上的幕墙形式

（2）金属幕墙　金属幕墙是由金属构架与金属板材组成的，不承担主体结构荷载与作用的建筑外围护结构。金属板包括单层铝板、铝塑复合板、蜂窝铝板、不锈钢板等，其分类见表6-3。

表 6-3 金属幕墙的分类

类型	内容	示意图
元件式幕墙	用多根元件（立柱、横梁等）连接并安装在建筑物主体结构上形成框格体系，再镶嵌或安装玻璃而成的	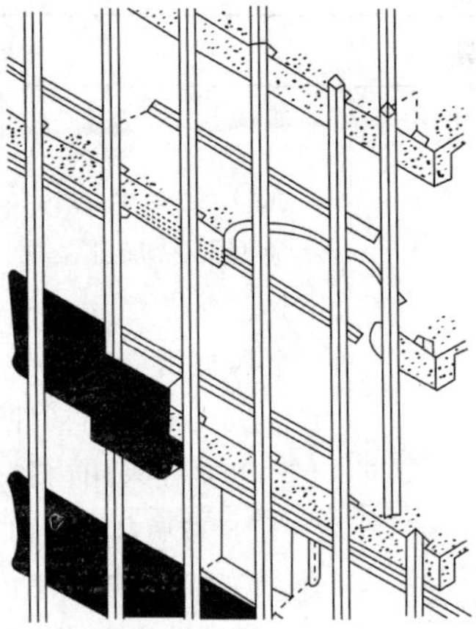
单元式幕墙	在工厂中预制并拼装成单元组件，安装时将单元组件固定在楼层梁或板上，组件的竖边对扣连接，下一层组件的顶与上一层组件的底对齐连接而成。组件一般为一个楼层高度，也可为 2～3 层楼高	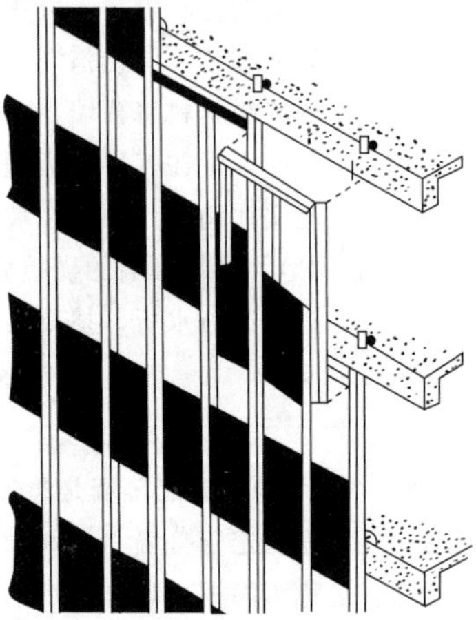

（3）石材幕墙 石材幕墙是由金属构架与建筑石板组成的，一般采用框支承结构，不承担主体结构荷载作用的建筑外围护结构。

石材幕墙由于石板（多为花岗石）较重，金属构架的立柱常用镀锌方钢、槽钢或角钢，横梁用角钢。立柱和横梁与主体的连接固定与玻璃幕墙的连接方法基本一致。

3. 墙体防潮做法是什么？

当地下水的常年水位和最高水位都在地下室地坪标高以下时，地下水位不可能直接侵入室内，墙和地坪仅受土层中地潮的影响。地潮是指土层中毛细管水和地面水下渗而造成的无压力水。这时地下室只需做防潮，砌体必须用水泥砂浆砌筑，墙外侧抹 20mm 厚水泥砂浆抹面后，涂刷冷底子油一道及热沥青两道，然后回填低渗透性的土壤，如黏土、灰土等，并逐层夯实。这部分回填土的宽度为 500mm 左右。此外，在墙身与地下室地坪及室内地坪之间设墙身水平防潮层，以防止土中潮气和地面雨水因毛细作用沿墙体上升而影响结构。墙体防潮做法如图 6-40 所示。

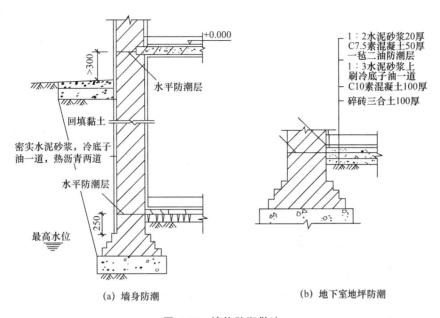

(a) 墙身防潮　　　　　　　　(b) 地下室地坪防潮

图 6-40　墙体防潮做法

4. 散水与明沟的构造做法有哪些?

为便于将地面雨水排至远处，防止雨水对建筑物基础侵蚀，常在外墙四周将地面做成向外倾斜的坡面，这一坡面称为散水。为将雨水有组织地导向地下雨水井而在建筑物四周设置的沟称为明沟。

(1) 散水的构造做法　按材料有素土夯实、砖铺、块石、碎石、三合土、灰土、混凝土等。宽度一般为 600~1000mm，厚度为 60~80mm，坡度一般为 3%~5%。当屋面排水为自由落水时，散水宽度至少应比屋面檐口宽出 200mm，但在软弱土层、湿陷性黄土层地区，散水宽度一般应≥1000mm，且超出基底宽 200mm。由于建筑物的自沉降，外墙勒脚与散水施工时间的差异，在勒脚与散水交接处，应留有缝隙，缝内填沥青砂，以防渗水，散水构造做法如图 6-41 所示。散水整体面层为防止温度应力及散水材料干缩造成的裂缝，在长度方向每隔 6~12m 做一道伸缩缝并在缝中填沥青砂。

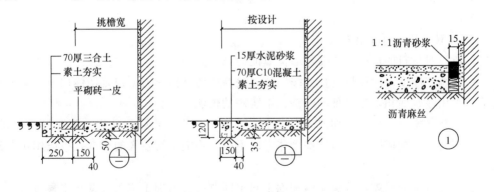

图 6-41　散水构造做法

(2) 明沟的构造做法　明沟按材料一般有砖砌明沟、石砌明沟和混凝土明沟，如图 6-42 所示。

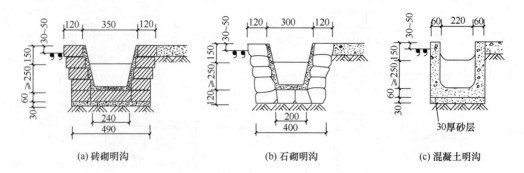

(a) 砖砌明沟　　　　　　　(b) 石砌明沟　　　　　　(c) 混凝土明沟

图 6-42　明沟构造做法

七、建筑节能与墙体保温、隔热

1. 建筑节能的要点是什么？

①选择有利于节能的建筑朝向，充分利用太阳能。

②选择有利于节能的建筑平面和体型，在体积相同的情况下，建筑物的外表面积越大，采暖制冷负荷也越大。因此，尽可能取最小的外表面积。

③改善外围护构件的保温性能，并尽量避免热桥。这是建筑构造中的一项主要节能措施。

④改进门窗设计，通过提高门窗的气密性，采用适当的窗墙面积比，增加窗玻璃层数，采用百叶窗帘、窗板等措施来提高门窗的保温隔热性能。

⑤重视日照调节与自然通风。理想的日照调节是夏季在确保采光和通风的条件下，尽量防止太阳热进入室内，冬季尽量使太阳进入室内。

2. 建筑物有什么样的节能途径？

建筑物的总得热包括采暖设备供热、太阳辐射得热和建筑物内部得热（包括炊事、照明、家电和人体散热）。这些热量再通过围护结构的传热和通过门窗缝隙的空气向外渗透热而散失。建筑物的总失热包括围护结构的传热热损失（占 70%～80%）和通过门窗缝隙的空气渗透热损失（占 20%～30%）。当建筑物的总得热和总失热达到平衡时，室内温度得以保持稳定。因此对建筑物来说，节能的主要途径应是充分利用太阳辐射得热和建筑物内部得热的同时，尽可能减少建筑物总失热，最终达到节约采暖供能的目的。

3. 如何对墙体进行保温？

（1）通过对材料的选择，提高外墙保温能力减少热损失

①增加墙体厚度，使传热过程变缓，从而提高墙体保温能力，但是墙体加厚，会增加结构自重，占用建筑面积，是一种不经济、不实用的做法。

②选择热导率小的材料，如泡沫混凝土、加气混凝土、膨胀珍珠岩、膨胀蛭石、矿棉、木丝板、稻壳等来构成墙体，但这些墙体强度不高，不能承受较大的荷载，一般用于框架填充墙。

③采用复合保温墙体，解决保温和承重双重问题，但增加了施工难度和工程造价。

（2）采取隔蒸汽措施（图 6-43），防止外墙出现冷凝水　冬季室内空气的温度和绝对湿度都比室外高，因此，在围护结构两侧存在水蒸气压力差，水蒸气分子由压力高的一侧向压力低的一侧扩散，这种现象叫蒸汽渗透。在渗透过程中，水蒸气遇到露点温度时，蒸气含量

达到饱和，并立即凝结成水，称为结露。当结露出现在围护结构表面时，会使内表面出现脱皮、粉化、发霉，影响人们的身体健康；结露出现在保温层内时，则使材料内饱含水分，使得保温材料降低保温效果，缩短使用年限。为避免这种情况产生，常在墙体保温层靠高温一侧，即蒸汽渗入的一侧，设置隔气层，以防止水蒸气内部凝结。隔蒸汽层一般采用卷材、隔气涂料、薄膜以及铝箔等防潮、防水材料。

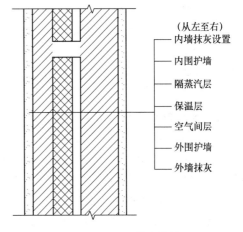

（从左至右）
— 内墙抹灰设置
— 内围护墙
— 隔蒸汽层
— 保温层
— 空气间层
— 外围护墙
— 外墙抹灰

图 6-43　隔蒸汽措施

（3）防止外墙出现空气渗透　墙体材料一般都不够密实，有很多微小的孔洞，墙体上设置的门窗等构件，因安装不密封或材料收缩等，会产生一些贯通性的缝隙。由于这些孔洞和缝隙的存在，在风压差及热压差的作用下，使空气由高压处通过围护构件流向低压处的现象称为空气的渗透。为了防止空气渗透造成热损失，一般采取以下措施：选择密实度高的墙体材料；墙体内外加抹灰层；加强构件间的密缝处理。

（4）热桥部位的保温　由于结构上的需要，外墙中常嵌有钢筋混凝土柱、梁、圈梁、过梁等构件，钢筋混凝土的热导率大于砖的热导率，热量很容易从这些部位传出去，因此它们的内表面温度比主体部分的温度低，这些保温性能低的部位通常称为冷桥（或热桥），为减少热桥的影响，应避免嵌入构件内外贯通，采取局部保温措施，如在寒冷地区，外墙中的钢筋混凝土过梁可做成 L 形，并在外侧加保温材料；对于框架柱，当柱子位于外墙内侧时，可不必做保温处理。

4. 怎样对墙体进行隔热？

炎热地区夏季太阳辐射强烈，室外热量通过外墙传入室内，使室内温度升高，产生过热现象，影响人们的工作和生活，甚至损害到健康。为保证外墙应具有足够的隔热能力，应采取以下措施。

①外墙宜选用热阻大、隔热效果好的材料，在墙表面设置保温层、抗裂防护层、饰面层等进行隔热处理，以减少外墙内表面的温度波动，如图 6-44 所示。

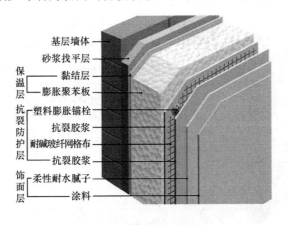

基层墙体
砂浆找平层
保温层 — 黏结层
— 膨胀聚苯板
抗裂防护层 — 塑料膨胀锚栓
— 抗裂胶浆
— 耐碱玻纤网格布
— 抗裂胶浆
饰面层 — 柔性耐水腻子
— 涂料

图 6-44　墙体隔热措施

②外墙表面应选用光滑、平整、浅色的材料以增加对太阳光的反射。

③在外墙内部设置通风间层，利用空气的流动带走热量，降低外墙内表面温度。在建筑设计过程中也可采用降低墙体周围室外温度的方法，如在窗口外侧设置遮阳设施，以遮挡太阳光直射室内；在外墙外表面种植攀绿植物，利用植物的遮挡、蒸发、光合作用吸收太阳辐射热。

5. 墙体的保温构造分为几类？

（1）外墙外保温　外墙外保温是一种将保温隔热材料放在外墙外侧的复合体，具有较强的耐候性、防水性和防蒸汽渗透性，同时具有绝热性能优越，能消除热桥，减少保温材料内部凝结水的可能性，便于室内装修等优点。但是由于保温材料做在室外，直接受到阳光照射和雨雪的侵袭，因而对此种墙体抗变形能力、防止材料脱落以及防火安全等方面的要求更高。

常见的外墙外保温（图6-45）做法有聚苯板薄抹灰系统、胶粉聚苯颗粒保温浆料系统、模板内置聚苯板现浇混凝土系统、喷涂硬质聚氨酯泡沫塑料系统和复合装饰板系统等多种。

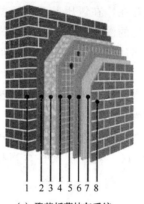
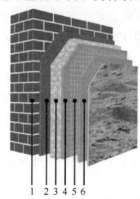

1—基层墙体；
2—界面砂浆；
3—胶粉聚苯颗粒；
4—抗裂砂浆；
5—镀锌钢丝网及锚固件；
6—面砖黏结砂浆；
7—勾缝剂；
8—面砖

1—基层墙体；
2—界面砂浆
3—胶粉聚苯颗粒
4—抗裂砂浆
5—耐碱玻纤网格布
6—涂料饰面层

(a) 聚苯板薄抹灰系统　　(b) 胶粉聚苯颗粒保温浆料系统

图6-45　外墙外保温材料

（2）外墙内保温　这是将保温隔热材料放在外墙内侧的保温复合墙体，其施工简便、保温隔热效果好、综合造价低，特别适用于夏热冬冷地区。由于保温材料的蓄热系数小，有利于室内温度的快速升高或降低，适用范围广，如图6-46所示。

常见的内保温做法有增强粉刷石膏聚苯板系统和胶粉聚苯颗粒保温浆料系统两种。

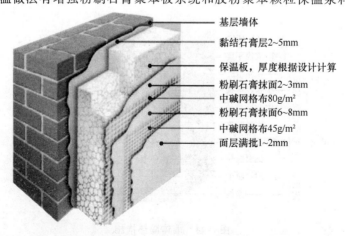

基层墙体

黏结石膏层2~5mm

保温板，厚度根据设计计算

粉刷石膏抹面2~3mm
中碱网格布80g/m²
粉刷石膏抹面6~8mm
中碱网格布45g/m²
面层满批1~2mm

图6-46　外墙内保温材料

（3）外墙夹心保温 在复合墙体保温形式中，为了避免蒸汽由室内高温一侧向室外低温侧渗透，在墙内形成凝结水，或为了避免受室外各种不利因素的影响，常采用半砖或其他预制板材加以处理，使外墙形成夹心构件，即双层结构的外墙中间放置保温材料，或留出封闭的空气间层，外墙夹心保温构造如图 6-47 所示。

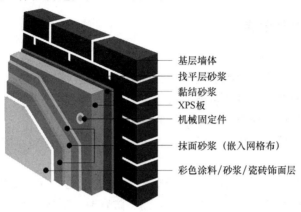

图 6-47 外墙夹心保温构造

第七章 楼板与地面构造

一、楼板的组成及分类

1. 楼板由哪几部分构成？

（1）面层 面层又称为楼面面层，与人、家具设备等直接接触，起到保护楼板、承受并传递荷载的作用，同时对室内有很重要的清洁及装饰作用。

（2）结构层 结构层即楼板，是楼板层的承重部分。

（3）顶棚层 顶棚层位于楼板层最下层，主要作用是保护楼板、安装灯具、装饰室内、遮掩各种水平管线等。

（4）附加层 附加层又称功能层，对有特殊要求的室内空间，楼板层应增设一些附加层，主要作用是隔声、隔热、保温、防水、防潮、防腐蚀、防静电等。

2. 楼板的设计要求是什么？

（1）楼板必须有足够的强度和刚度 楼板的强度是指它能承受自重和使用荷载而不被破坏，以确保安全。楼板的刚度是指在荷载的作用下，不产生超过规定的变形。

（2）楼板层应满足隔声要求 为避免上下房间的互相干扰，楼板层应具有一定的隔声能力。楼板层的隔声以隔绝固体声为主，主要从衰减撞击能量入手。常用措施有：在固体材料的表面设置弹性层；在面层和结构层间设置垫层；在楼板下做吊顶处理等。

（3）楼板层应满足防火要求 为了防火及保证安全，要满足建筑防火设计规范的要求。楼板一般应采用非燃烧材料。对于广泛采用的钢筋混凝土楼板，一般能满足防火要求。

（4）楼板层应满足其他功能要求 根据楼板层具体的要求不同，有的还要满足保温、隔热、防水、防潮、防腐蚀等要求。

（5）楼板层应满足经济性要求 选择楼板材料时，应注意就地取材，尽量减少楼板的厚度和自重，以降低造价。

3. 楼板有哪些分类？

根据所选用材料的不同，楼板可分为木楼板、钢筋混凝土楼板和压型钢板组合楼板。木楼板虽具有自重轻、构造简单、吸热系数小等优点，但其隔声、耐久和防火性较差，耗木材量大，除林区外，现已极少采用。

钢筋混凝土楼板因其承载能力大、刚度好，且具有良好的耐久性、防火性和可塑性，目前被广泛采用。

压型钢板组合楼板是利用压型钢板为底模，上部浇筑混凝土而形成的一种组合楼板。它具有强度高、刚度大、施工速度快等优点，但钢材用量大、造价高。

二、钢筋混凝土楼板

1. 钢筋混凝土楼板分为几类？

（1）现浇整体式钢筋混凝土楼板 现浇整体式钢筋混凝土楼板是在施工现场进行支模

板、绑扎钢筋、浇筑并振捣混凝土、养护、拆模等工序而将整个楼板浇筑成整体。这种楼板的整体性好、抗震性强、防水抗渗性好，能适应各种建筑平面形状的变化，但现场湿作业量大、模板用量多、施工速度较慢、施工工期较长。根据受力和传力情况不同，现浇整体式钢筋混凝土楼板分为板式楼板、梁板式楼板、无梁楼板和压型钢板组合楼板等。

①板式楼板。将楼板现浇成一块平板，并直接支承在墙上，这种楼板称为板式楼板。板式楼板底面平整，便于支模施工，是最简单的一种形式，它适用于平面尺寸较小的房间，如厨房、卫生间、走廊等。板的厚度通常为跨度的 $1/40 \sim 1/30$，且不小于60mm。根据楼板受力特点和支承情况，又可以分为单向板和双向板。在板的受力和传力过程中，板的长边尺寸与短边尺寸的比值大小，决定了板的受力情况。当长边与短边长度之比不小于3.0时，可按沿短边方向受力的单向板计算，应沿长边方向布置足够数量的构造钢筋。当板的长边与短边之比小于或等于2时，应按双向板计算；当板的长边与短边之比大于2但小于3时，宜按双向板计算。

② 梁板式楼板。对平面尺寸较大的房间，若仍采用板式楼板，会因板跨较大而增加板厚。为此，通常在板下设梁来减小板跨，这时，楼板上的荷载先由板传给梁，再由梁传给墙或柱。这种由板和梁组成的楼板称为梁板式楼板。

a. 主次梁式楼板。板支承在次梁上，次梁支承在主梁上，主梁支承在墙或柱上，这种形式常用于面积较大的有柱空间。主梁通常沿房屋的短跨方向布置，其经济跨度为 $5 \sim 8m$，梁高为跨度的 $1/14 \sim 1/8$，梁宽为梁高的 $1/3 \sim 1/2$，次梁与主梁垂直，并把荷载传递给主梁，主梁间距即为次梁的跨度。次梁的跨度比主梁跨度要小，一般为 $4 \sim 6m$，次梁高为跨度的 $1/18 \sim 1/12$，梁宽为梁高的 $1/3 \sim 1/2$。主次梁的截面尺寸应符合 M 或 M/2 模数数列的规定。板的经济跨度为 $2.1 \sim 3.6m$，板厚一般为 $60 \sim 100mm$。

b. 井式楼板。如果房间平面形状为方形或接近方形（长边与短边之比小于1.5）时，两个方向梁正放正交、斜放正交或斜放斜交，梁的截面尺寸相同，等距离布置形成方格，无主梁与次梁之分，这种楼板称为井字梁式楼板或井式楼板。井式楼板梁跨可达30m，板跨一般为3m左右。由于井式楼板一般井格外露，产生结构带来的自然美感，房间内无柱，多用于公共建筑的门厅、大厅、会议室或小型礼堂等。

c. 肋式楼板。也称为密梁式楼板，它是将梁的间距适当加密，一般梁的间距不超过2.5m，板与梁整浇在一起。密肋式楼板可用于平面尺寸较大的狭长建筑空间。

③无梁楼板。将板直接支承在柱上，不设梁，这种楼板称为无梁楼板。无梁楼板分无柱帽和有柱帽两种类型，当荷载较大时，应在柱顶设托板与柱帽，以增加板在柱上的支承面积。无梁楼板的柱网一般布置成方形或近似方形，以方形柱网较为经济，跨度一般在6m左右，板厚通常不小于120mm。无梁楼板的底面平整，增加了室内的净空高度，有利于采光和通风，且施工时架设模板方便，但楼板厚度较大。无梁楼板多用于楼板上活荷载较大的商场、仓库、展览馆建筑。

④压型钢板组合楼板。压型钢板组合楼板是在型钢梁上铺设压型钢板，以压型钢板做底模，在其上现浇混凝土，形成整体的组合楼板。压型钢板组合楼板由现浇混凝土、钢衬板和钢梁三部分组成。钢衬板采用冷压成型钢板，简称压型钢板。压型钢板有单层和双层之分。双层压型钢板通常是由两层截面相同的压型钢板组合而成，也可由一层压型钢板和一层平钢

板组成。

采用双层压型钢板的楼板承载能力更好，两层钢板之间形成的空腔便于设备管线敷设。钢衬板之间的连接以及钢衬板与钢梁之间的连接，一般采用焊接、自攻螺栓、膨胀铆钉或压边咬接的方式。

钢衬板组合楼板有两种结构方式。

a. 钢衬板在组合楼板中只起永久性模板的作用，混凝土中仍配有受力钢筋。由于钢衬板作为永久性模板，简化了施工程序，加快了施工进度，但造价较高。

b. 在钢衬板上加肋条或压出凹槽，钢衬板起到混凝土中受拉钢筋的作用，或在钢梁上焊抗剪栓钉，这种构造较经济。

（2）预制装配式钢筋混凝土楼板　预制装配式钢筋混凝土楼板是将楼板在预制厂或施工现场预制，然后在施工现场装配而成。这种楼板可节省模板、提高劳动生产率、加快施工速度、缩短工期，但楼板的整体性较差，近几年在地震设防地区的应用范围受到很大限制。

常用的预制钢筋混凝土楼板，根据其截面形式可分为实心平板、槽形板和空心板三种类型。

①实心平板。实心平板（图 7-1）上下板面平整，制作简单，宜用于跨度小的走廊板、楼梯平台板、阳台板等处。板的两端支承在墙或梁上，板厚一般为 50～80mm，跨度在 2.4m 以内为宜，板宽 500～900mm，由于构件小，对起吊机械要求不高。

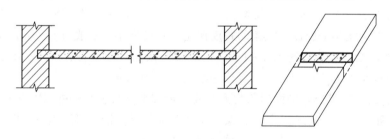

图 7-1　实心平板

②槽形板。槽形板是一种梁板结合的构件，即在实心板两侧设纵肋，构成槽形截面，它具有自重轻、省材料、造价低、便于开孔等优点。槽形板跨长为 3～6m，板肋高 120～300mm，板厚仅为 30mm，槽形板分槽口向上和槽口向下两种，槽口向下的槽形板受力较为合理，但板底不平整、隔声效果差；槽口向上的倒置槽形板，受力不甚合理，铺地时需另加构件，但槽内可填轻质材料，顶棚处理、保温、隔热及隔声的施工较容易。

③空心板。空心板孔洞形状有圆形、长圆形和矩形等，以圆孔板的制作最为方便，应用最常见。板宽尺寸有 400mm、600mm、900mm、1200mm 等，跨度可达到 6.0m、6.6m、7.2m 等，板的厚度为 120～240mm。空心板节省材料，隔声、隔热性能好，但板面不能随意打洞。在安装和堆放时，空心板两端的孔常以砖块、混凝土填块填塞，以免在板端灌缝时漏浆，并保证支座处不被压坏。

（3）装配整体式钢筋混凝土楼板　装配整体式钢筋混凝土楼板是采用部分预制构件，经现场安装，再整体浇筑混凝土面层所形成的楼板。它兼有现浇和预制钢筋混凝土楼板的优点。

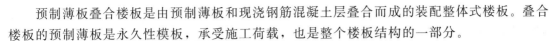

预制薄板叠合楼板是由预制薄板和现浇钢筋混凝土层叠合而成的装配整体式楼板。叠合楼板的预制薄板是永久性模板，承受施工荷载，也是整个楼板结构的一部分。

叠合楼板的预制板部分通常采用预应力或非预应力薄板。为了保证预制薄板与叠合层有较好的连接，薄板上表面需做处理，如将薄板表面做刻槽处理、板面露出较规则的三角形结合钢筋等。

预制薄板跨度一般为 4～6m，最大可达到 9m，以 5.4m 内较为经济；板宽为 1.1～1.8m，板厚通常不小于 50mm。现浇叠合层厚度一般为 100～120mm，以大于或等于薄板厚度的 2 倍为宜。叠合楼板的总厚度一般为 150～250mm。预制薄板叠合楼板常在住宅、宾馆、学校、办公楼、医院以及仓库等建筑中应用。

三、地坪层构造

1. 什么是地坪层？

地坪层即地层，是建筑物底层与土壤相接的构件，它承受着底层地面上的荷载，并将荷载均匀地传给地基。地坪层一般由面层、垫层和基层 3 个基本构造层次组成，对有特殊要求的地坪可在面层与垫层之间增设附加层。

2. 地坪层分为几层？

（1）面层 面层是地坪层最上面的部分，也是人们经常接触的部分，直接承受物理、化学作用，所以应具有耐磨、平整、易清洁、不起尘、防水、防潮要求，同时也具有装饰作用。

（2）垫层 垫层为面层与基层之间的找平层或填充层，主要起加强基层、传递荷载的作用。垫层有刚性垫层和非刚性垫层。刚性垫层一般采用 C10 厚 60～100mm 的混凝土；非刚性垫层常用的有 50mm 厚砂垫层、80～100mm 厚碎石灌浆、50～70mm 厚石灰炉渣等。垫层可以就地取材，如北方可以用灰土；南方多采用碎砖或道渣夯实作垫层，也有的采用三合土作垫层。

（3）基层 首层地面基层是垫层与土壤层间的找平层或填充层，它可以加强地基承受荷载能力，并起找平作用，可就地取材，通常为素土夯实或灰土、道渣、三合土、卵石等。

四、楼地层的防潮、防水、保温与隔声构造

1. 楼地层面层的构造要求？

（1）具有足够的坚固性 要求在各种外力的作用下不易磨损和破坏，并要求表面平整光洁、易清洗和不起灰。

（2）材料的热导率小 地面直接与人体接触，可吸走人体热量，所以应该采用热导率小的材料，使其吸热少，给人以温暖舒适的感觉，冬季走在上面不致感到寒冷。

（3）具有一定弹性 具有一定弹性可使人行走时不致有过硬的感觉，同时具有弹性的地面对减轻撞击、降低噪声有利。

（4）满足其他特殊要求 对于一些有特殊用途的房间的地面应有特殊要求，如浴室、厕所等有水作用的房间，地面要求耐潮湿、不透水；实验室的地面要耐化学腐蚀等。

2. 如何对楼地层进行防潮？

底层房间的地面直接与土壤接触，土壤中的水在毛细作用下进入室内，房间湿度增大，

影响房间的温湿状况和卫生状况，影响结构的耐久性、美观和人体健康。因此，应对可能受潮的房屋，进行必要的防潮处理。

通常对无特殊防潮要求的地层，在垫层中采用 C10 混凝土即可；有较高要求时，在混凝土垫层上，刚性整体面层下，铺憎水的热沥青或防水涂料，形成防潮层，以防止潮气上升到地面。

3. 楼地面的防水措施有哪些？

对于用水频繁、水管较多或室内积水机会较多的房间（如卫生间、厨房、实验室等）应做好楼地面的排水和防水。为了方便排水，地面应设地漏，并用细石混凝土从四周向地漏找 0.5%～1% 的坡。同时为防止积水外溢，有水房间的地面应比其他房间或走道低 30～50mm，或在门口设 20～30mm 高的门槛。对积水机会较多的房间，楼板应采用现浇钢筋混凝土楼板。面层也宜采用水泥砂浆、水磨石地面或贴缸砖、瓷砖、陶瓷锦砖等防水性能好的材料。为确保防水质量，还可在楼板结构层与面层之间设置一道防水层，常见的防水材料有防水卷材、防水砂浆和防水涂料等。为防止水沿房间四周侵入墙身，应将防水层沿房间四周墙边向上延伸至踢脚内 100～150mm。门口处防水层应向外延伸 250mm 以上。

采暖和给排水管道穿过楼板处常采用现浇楼板，并应根据设计位置预留孔洞。安装管道时，为防止产生渗漏，一般采用两种处理方法：当穿管为冷水管时，可在穿管的四周用 C20 的干硬性细石混凝土振捣密实，再用卷材或防水涂料做密封处理；对于热力管道，一般在管道外要加一个比热力管道直径稍大的钢套管，以防止因热胀冷缩变形而引起立管周围混凝土开裂，套管至少应高出地面 30mm，穿管与套管之间应填塞弹性防水材料。

4. 怎样对楼地层进行保温？

室内潮气大多是因室内与地层温差大的原因所致，设保温层可以降低温差，对防潮也起一定的作用。设保温层常见有两种做法：一种是在地下水位较高的地区，可在面层与混凝土垫层间设保温层（如满铺或在距外墙内侧 2m 范围内铺 30～50mm 厚的聚苯乙烯板），并在保温层下做防水层；另一种是在地下水位低、土壤较干燥的地面，可在垫层下铺一层 1:3 水泥炉渣或其他工业废料做保温层。

5. 如何对楼层板进行保温？

在寒冷地区，对于悬挑出去的楼板层或建筑物的门洞上部楼板、封闭阳台的底板、上下温差大的楼板等处需做好保温处理：一种是在楼板层上面做保温处理，保温材料可采用高密度苯板、膨胀珍珠岩制品、轻骨料混凝土等；另一种是在楼板层下面做保温处理，保温层与楼板层浇筑在一起，然后抹灰，或将高密度聚苯板粘贴于挑出部分的楼板层下面做吊顶处理。

6. 楼板隔声可以采取哪些措施？

楼板隔绝空气传声可以采取使楼板密实、无裂缝等构造措施来达到。楼板主要是隔绝人的脚步声，隔绝拖动家具、敲击楼板等固体传声，防止固体传声可以采取以下措施。

在楼地层表面铺设地毯、橡胶、塑料毡等柔性材料。这种方法比较简单，隔声效果较好，同时还能起到装饰美化室内的作用，是采用比较广泛的方法。在楼板与面层之间加片状、条形状的弹性垫层以降低楼板的振动，即"浮筑式楼板"，用该方法来减弱由面层传来的固体声能。在楼板下加设吊顶使固体噪声不直接传入下层空间。在楼板和顶棚间留有空气层，吊顶与楼板采用弹性挂钩连接，使声能减弱。对隔声要求高的房间，还可以在顶棚铺设

吸声材料加强隔声效果。其中浮筑式楼板增加造价不多，效果也较好，但施工比较麻烦，因而采用较少。

五、楼地面装修

1. 什么是楼地面？

楼地面是对楼层地面和底层地面的总称，它是人们日常生活、工作、生产、学习时必须接触的部分，也是建筑中直接承受荷载，经常受到摩擦、清扫和冲洗的部分。楼地面的范围很大，对室内整体装饰设计起十分重要的作用。

2. 对于楼地面装修如何分类？

楼地面根据饰面材料的不同可以分为水泥砂浆楼地面、水磨石楼地面、大理石楼地面、地砖楼地面、木地板楼地面、地毯楼地面等。根据构造方法和施工工艺的不同，可以分为整体式地面、块材式地面、木地面及人造软质制品铺贴式楼地面、涂料地面等。

3. 楼地面进行装修必须满足什么要求？

楼地面装修必须满足以下要求。

（1）坚固方面的要求 即要求在各种外力作用下不易被磨损、破坏且要求表面平整、光洁、易清洁和不起灰。

（2）热工方面的要求 作为人们经常接触的地面，要求热导率小，保证寒冷季节脚部舒适。

（3）隔声方面的要求 隔声要求主要体现在楼面，在可能条件下，地面应采用能较大衰减撞击能量的材料和构造。

（4）防水、防潮、防火和耐腐蚀等要求 对有水作用的房间，地面应防潮防水；对有火灾隐患的房间，地面应满足防火要求；对有酸碱作用的房间，则要求地面具有耐腐蚀的能力。

（5）经济方面的要求 设计地面时，在满足使用要求的前提下，要选择经济的材料和构造方案，尽量就地取材。

4. 如何区分楼地面的构造？

（1）整体式楼地面 用现场浇筑的方法做成整片的地面称为整体地面。整体地面的面层无接缝，一般造价较低，施工简便，常用的有水泥砂浆地面、细石混凝土地面、水磨石地面、菱苦土地面等。

①水泥砂浆地面。水泥砂浆地面又称水泥地面，具有构造简单、坚固、防潮、防水、造价低廉等特点，但不耐磨，易起砂、起灰。

水泥砂浆地面有单层和双层构造之分。单层做法是先刷素水泥砂浆结合层一道，再用15～20mm厚1∶2水泥砂浆压实抹光。双层构造做法是在基层上用15～20mm厚1∶3水泥砂浆打底、找平，再用5～10mm厚1∶2或1∶1.5水泥砂浆抹面、压光。双层构造虽然增加了施工程序，却容易保证质量，减少表面干缩时产生裂纹的可能。有防滑要求的水泥地面，可将水泥砂浆面层做成各种纹样，以增大摩擦力。

②细石混凝土地面。细石混凝土地面的一般做法是在混凝土垫层或钢筋混凝土楼板上直接做30～40mm厚的强度等级不低于C20的细石混凝土，待混凝土初凝后用铁磙滚压出浆，待终凝前撒少量干水泥，用铁抹子压光不少于两次，其效果同水泥砂浆地面。

对防水要求高的房间，还可以在楼面中加做一层找平层，而后在其上做防水层，再做细石混凝土面层。

③现浇水磨石地面。现浇水磨石地面是在水泥砂浆找平层上按设计分格，用中等硬度石料（大理石、白云石等）的石屑与水泥拌和、抹平，待硬化后，经过补浆、细磨、打蜡后制成的楼地面。水磨石地面具有色彩丰富、图案组合多样、平整光洁、坚固耐用、整体性好、耐污染、耐腐蚀和易清洗等优点。

现浇水磨石地面的构造做法是先在基层上做 10～20mm 厚 1：3 水泥砂浆结合层兼作找平层，在找平层上常用 1：1 水泥砂浆嵌固 10～15mm 高的铜条、铝条、玻璃条进行分格，并用厚 12～15mm 的（1：1.5）～（1：2.5）的各种颜色的水泥石渣浆注入预设的分格内，略高于分格条 1～2mm，并均匀撒一层石渣即滚筒压实，待浇水养护完毕后，经过三次打磨，在最后一次打磨前酸洗、修补，最后打蜡保护。分格的作用是防止地面开裂并将地面分成方格，或做成各种图案。

（2）块材式地面

①陶瓷块材地面。陶瓷块材地面包括地砖、缸砖、劈离砖、瓷质彩胎砖（仿花岗石砖）、陶瓷锦砖（马赛克）等块材砖，它们具有面层薄、质量轻、造价低、美观耐磨、防水、耐酸碱、色泽稳定、耐污染、易清洗等优点，适用于有水以及有腐蚀的房间。但它们没有弹性、不吸声、吸热性强，不宜用于人们长时间停留及要求安静的房间。

陶瓷锦砖地面构造做法是在基层上做 10～20mm 厚 1：3 水泥砂浆找平层，然后浇素水泥浆一道，以增加它的表面黏结力。陶瓷锦砖（马赛克）整张铺贴后，用滚筒压平，使水泥砂浆挤入缝隙，待水泥砂浆硬化后，用草酸洗去牛皮纸，然后用白水泥浆嵌缝。缸砖等较大块材的背面另刮素水泥浆，然后粘贴拍实，最后用水泥砂浆嵌缝。地砖地面施工时也可先对基层表面清扫、湿润，刷 1～2mm 厚掺 20％107 胶的水泥浆，然后水泥砂浆直接找平，最后用素水泥浆粘贴。

②石材地面。石材地面包括天然大理石、花岗岩板、人造石板地面等。天然大理石、花岗岩板都是高级建筑装饰材料，一般厚 20～30mm；每块大小一般为 600mm×600mm 和 800mm×800mm。它们价格昂贵，用来装饰地面，庄重大方、高贵豪华。大理石一般都含有杂质，容易风化和溶蚀而使表面失去光泽，所以一般均用于室内装饰。天然花岗岩质地坚硬密实，不易风化变质，因此多用于勒脚、地面和外墙饰面。

此类块材做法是在基层上洒水润湿，随即用 20～30mm 厚 1：3 干硬性水泥砂浆作结合层铺贴石材，最后用一层水泥浆粘贴，并用橡胶锤锤击，以保证黏结牢固，板缝应不大于 1mm，撒干水泥粉，淋水扫缝。也可以利用天然石碎块，无规则地拼缝成天然石地面。

③木地面。木地面是指由木板铺钉或胶合而成的地面。它具有质量轻、弹性好、保温性好、易清洁、脚感舒适等优点。但它易随温度、湿度的变化而引起裂缝和翘曲变形，易燃、易腐朽。因此，在无防水要求的房间采用较多，也是目前广泛采用的地面。木地板有空铺式、实铺式、粘贴式和悬浮铺设等几种类型。

a. 空铺式地板。主要用于舞台或需要架空的地面。做法是先砌设计高度、设计间距的垄墙，在垄墙上铺设一定间隔的木搁栅，将地板条钉在搁栅上，木搁栅与墙间留 30mm 的缝隙，木搁栅间加钉剪刀撑或横撑，在墙体适当位置设通风口以解决通风问题。

b. 实铺式地板。它是直接在实体上铺设的地板。木搁栅在结构层上的固定方法有在结构层内预埋钢筋并用镀锌铁丝将木搁栅与钢筋绑牢，或预埋 U 形铁件嵌固木搁栅，也可用

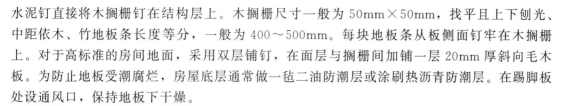

水泥钉直接将木搁栅钉在结构层上。木搁栅尺寸一般为 50mm×50mm，找平且上下刨光、中距依木、竹地板条长度等分，一般为 400～500mm。每块地板条从板侧面钉牢在木搁栅上。对于高标准的房间地面，采用双层铺钉，在面层与搁栅间加铺一层 20mm 厚斜向毛木板。为防止地板受潮腐烂，房屋底层通常做一毡二油防潮层或涂刷热沥青防潮层。在踢脚板处设通风口，保持地板下干燥。

c. 粘贴式地板。在结构层上做 15～20mm 厚 1：3 水泥砂浆找平层，上刷冷底子油一道，然后做 5mm 厚沥青玛琋脂（或其他胶黏剂），在其上直接粘贴木板条。

d. 悬浮铺设。复合强化木地板具有很高的耐磨性、良好的耐污染腐蚀、抗紫外线光、耐香烟灼烧等性能，同时有较大的规格尺寸且尺寸稳定性好，亦可用于低温辐射地板采暖系统，目前使用较广。

地板采用泡沫隔离缓冲层悬浮铺设方法，施工简单，效率高。铺装前需要铺设一层防潮垫作为垫层，例如聚乙烯薄膜等材料。被铺装的地面必须保持平直，在 1m 的距离上高差不应超过 3mm。为保证地板在不同湿度条件下有足够的膨胀空间而不至于凸起，必须保证地板与墙面、立柱、家具等固定物体之间的距离不小于 10mm，这些空隙可使用专用踢脚板或装饰压条加以掩盖。

④ 人造软质制品铺贴式楼地面。常见的有塑料地毡、橡胶地毡及地毯等。软质地面具有施工灵活、维修保养方便、脚感舒适、有弹性、可缓解固体传声、厚度小、自重轻、柔韧、耐磨、外表美观等特点。

a. 塑料地面。塑料地面是选用人造合成树脂（如聚氯乙烯等塑化剂）加入适量填充料、掺入颜料经热压而成，在底面衬布。聚氯乙烯地面品种多样，有卷材和块材、软质和半硬质、单层和多层、单色和复色之分。塑料地面的施工方法有两种：直接铺设，可由不同色彩和形状塑料拼成各种图案，施工时在清理基层后根据房间大小设计图案排料编号，在基层上弹线定位后，由中间向四周铺贴；胶贴铺设，则是按设计弹线在塑料底涂满胶黏剂 1～2 遍后进行铺贴。

b. 橡胶地面。橡胶地面是在橡胶中掺入一些填充料制成。橡胶地面有良好的弹性，具有耐磨、保温和消声性能，行走舒适。橡胶地面适用于展览馆、疗养院等公共建筑中。它的施工方法与塑料地面基本相同。

⑤ 涂料类地面。涂料类地面是水泥砂浆或混凝土地面的表面处理形式，它对改善地面的使用起了重要作用。

常见的涂料有氯-偏共聚乳液涂料、聚酯酸乙烯厚质涂料、聚乙烯醇缩甲醛胶水泥地面涂层、109 彩色水泥涂层以及 804 彩色水泥地面涂层、聚乙烯醇缩丁醛涂料、H80 环氧涂料、环氧树脂厚质地面涂层以及聚氨醇厚质地面涂层等。这些涂料施工方便、造价低，能提高地面的耐磨性和不透水性，故多适用于民用建筑中，但涂料地面涂层较薄，不适于人流较多的公共场所。

5. 什么是踢脚板和墙裙？

（1）踢脚板　踢脚板是指在地面和墙面相交处所做的构造处理，用以保护墙身，高为 100mm 左右。踢脚板所用材料一般与地面材料相同。

（2）墙裙　对于卫生间、厨房等处的墙，接近地面的墙身容易污染，常将不透水材料加高至 900mm 以上，称为墙裙。

六、阳台和雨篷

1. 什么是阳台?

阳台是建筑物中各层与房间相连的室外平台,它是室内、外空间的联系部分,可起到休息、眺望、晾晒、储物、装饰立面等作用。

2. 阳台的类型有哪些?

阳台按其与外墙的关系可分为挑阳台、凹阳台、半挑半凹阳台,如图 7-2 所示。

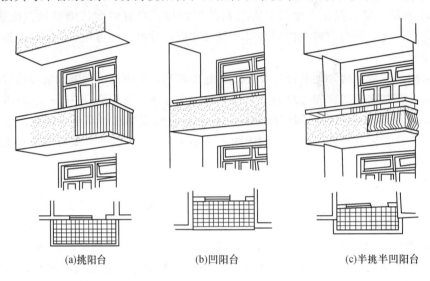

(a)挑阳台　　　　　　(b)凹阳台　　　　　(c)半挑半凹阳台

图 7-2　各种阳台的类型

阳台有生活阳台和服务阳台之分(图 7-3)。

(1) 生活阳台　设在阳面或主立面,主要供人们休息、活动、晾晒衣物。

(2) 服务阳台　多与厨房相连,主要供人们从事家庭服务操作与存放杂物。

(a) 生活阳台　　　　　　　　　　(b) 服务阳台

图 7-3　生活阳台与服务阳台

阳台按其与外墙的相对位置分,有凸阳台、凹阳台和半挑半凹阳台。按阳台封闭与否可分为封闭阳台和非封闭阳台,如图 7-4 所示。寒冷地区居住建筑宜将阳台(特别是北向阳台）周边用窗包围起来，形成封闭阳台。

（a）封闭阳台

（b）非封闭阳台

图 7-4　封闭阳台与分封闭阳台

3. 阳台的设计要求是什么？

阳台由承重结构（梁、板）和栏杆组成。作为建筑特殊的组成部分，阳台要满足以下要求。

（1）安全、坚固　阳台出挑部分的承重结构均为悬臂结构，所以阳台挑出长度应满足结构抗倾覆的要求，以保证结构安全。阳台栏杆、扶手构造应坚固、耐久，高度不得低于 1.05m。

（2）适用、美观　阳台出挑根据使用要求确定，不能大于结构允许出挑长度，一般为 1～1.5m，阳台宽度一般同与之相连房间的开间一致。开敞阳台地面要低于室内地面，以免雨水倒流入室内，并做排水设施。封闭式阳台可不做此考虑。阳台造型应满足立面要求。

4. 阳台构造包含哪些内容？

（1）栏杆和栏板　阳台栏杆扶手是在阳台外围设置的、承担人们倚扶的侧向推力、保障人身安全并对建筑物起装饰作用的围护构件。因此，栏杆要考虑安全问题，临空高度在 24m 以下时，栏杆高度不应低于 1.05m，临空高度在 24m 及 24m 以上（包括中高层住宅）时，栏杆高度不应低于 1.10m。

从外形上，栏杆形式有空花栏杆、实体栏杆及二者组合而成的组合式栏杆，实体栏杆又称栏板。中高层、高层及寒冷、严寒地区住宅的阳台宜采用实体栏板。从材料上，栏杆有金属栏杆和钢筋混凝土栏杆。

空花栏杆大多采用金属栏杆。金属栏杆一般采用圆钢、方钢、扁钢或钢管等。与金属扶手及阳台板（或面梁）连接，可通过对应的预埋件焊接，或预留孔洞插接。扶手为非金属不便直接焊接时，可在扶手内设预埋件与栏杆焊接。

钢筋混凝土栏板可与阳台板整浇在一起，也可采用预制的钢筋混凝土栏板与阳台板连接。现浇钢筋混凝土栏板经立模、扎筋后，与阳台板或面梁、挑梁一道整浇。

预制钢筋混凝土栏板端部的预留钢筋与阳台板的挡水板（高出阳台板 60～100mm）现浇成一体，也可采用预埋件焊接或预留孔洞插接等方法。

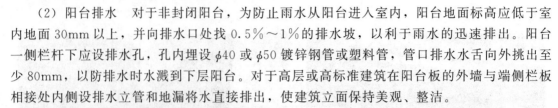

（2）阳台排水　对于非封闭阳台，为防止雨水从阳台进入室内，阳台地面标高应低于室内地面 30mm 以上，并向排水口处找 0.5%～1% 的排水坡，以利于雨水的迅速排出。阳台一侧栏杆下应设排水孔，孔内埋设 φ40 或 φ50 镀锌钢管或塑料管，管口排水水舌向外挑出至少 80mm，以防排水时水溅到下层阳台。对于高层或高标准建筑在阳台板的外墙与端侧栏板相接处内侧设排水立管和地漏将水直接排出，使建筑立面保持美观、整洁。

5. 北方地区阳台应采取哪些保温措施？

近年来，为改善阳台空间的热环境和提高其利用效率，阳台作为接触室外空气的楼板为满足建筑节能新标准的要求，北方严寒、寒冷地区居住建筑必须对阳台进行保温处理。保温处理主要有以下两个环节。

一是对阳台进行封闭处理，即用玻璃窗将阳台包围起来。封闭阳台的窗应有一定数量的可开启窗扇。

二是对阳台的栏板及底板进行保温处理。采用保温的阳台栏板材料或对不保温的阳台栏板进行保温处理；底层阳台的钢筋混凝土底板及顶层阳台的钢筋混凝土顶板是形成热桥的主要部位之一，可以采取在阳台底、顶板上下分别做保温处理，即贴苯板的做法。

6. 雨篷是什么？

雨篷是建筑物入口处遮雨、保护外门免受雨淋的构件。雨篷一般做成悬挑构件，悬挑长度一般不大于 1.5m。钢筋混凝土雨篷一般把雨篷板与入口门窗过梁浇筑在一起。雨篷的荷载比阳台小，所以雨篷板的厚度较小，有时为了立面处理的需要，板外沿常做翻边处理。当雨篷挑出尺寸较大时，往往在入口处加支柱形成门廊。雨篷也可采用金属、玻璃等其他材料。

7. 雨篷的构造要点有哪些？

常见的钢筋混凝土小型雨篷有板式和梁板式两种。板式雨篷多做成变截面，一般根部厚度不小于 70mm，板的端部厚度不小于 50mm，其悬挑长度一般为 1～1.5m。为防止雨篷产生倾覆，常将雨篷与入口门洞口处过梁或圈梁浇在一起。雨篷的顶面应做好排水和防水处理，常沿排水方向做出 1% 排水坡；顶面采用防水砂浆抹面，并上翻至墙面不小于 250mm 高形成泛水，雨篷挑出尺寸较大时，一般做成梁板式。为保证雨篷底部平整，常将雨篷的梁反到上部，呈反梁结构。对于反梁式结构雨篷，根据立面排水需要，沿雨篷外缘做挡水边槛，并在一端或两端设泄水管。

钢构架金属和玻璃组合雨篷对建筑入口的烘托和建筑立面的美化有很好的作用，越来越受到人们的青睐，常见的有纯悬挑式、上拉压杆式、上下拉杆式三种类型。

七、楼板与地面及阳台与雨篷构造做法

1. 如何对楼地面进行排水？

要想满足有水房间楼地面的防水要求，应先保证楼地面排水路线通畅。为便于排水，有水房间的楼地面应设有 1%～2% 的坡度，将水导入地漏。为防止室内积水外溢，有水房间的楼地面标高应比其他房间或走廊低 20～30mm；当有水房间的地面不便降低时，也可在门口处做出高出地面 20～30mm 的门槛。

2. 改善地面返潮现象的做法有哪些？

整体类地面由于地面主要采用的材料是密实的水泥砂浆或混凝土，地面的热导率大，热

惰性大，表面吸水性较差，因此遇到空气中湿度大的黄梅天，很容易出现表面结露现象。为了解决这个问题，采取以下几个构造措施将会有所改善。

①在面层与结构层之间加一层保温层，如图7-5（a）、（b）所示。

②改换面层材料，如图7-5（c）所示。

③架空地面，如图7-5（d）所示。

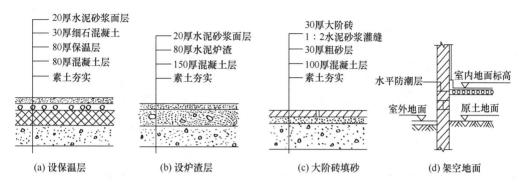

(a) 设保温层　　　　(b) 设炉渣层　　　　(c) 大阶砖填砂　　　(d) 架空地面

图 7-5　改善地面返潮现象的构造做法

3. 阳台的排水有几种做法？

阳台的排水有两种做法：其一是利用"水舌"直接排出，如图7-6（a）所示；其二是通过水落管排除阳台的雨水，如图7-6（b）所示。前一种做法是采用镀锌钢管或塑料管预埋于阳台的角部，管径通常为$\phi 40 \sim \phi 60$，水舌管口向外挑出至少80mm，以防排水时（特别是冲洗阳台时）水溅到下层阳台扶手上；后一种做法是将雨水引向外墙边的雨水管内排至地面，此种做法多用雨水较多地区的高层建筑或临街的建筑中。

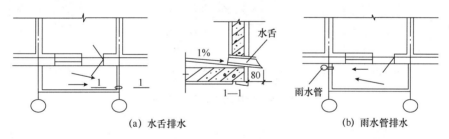

(a) 水舌排水　　　　　　　　　　(b) 雨水管排水

图 7-6　阳台排水

4. 阳台的细部构造做法有哪些？

阳台的细部构造主要包括栏杆与扶手、阳台板、花盆台的连接，以及栏杆与栏板的处理，如图7-7、图7-8所示。

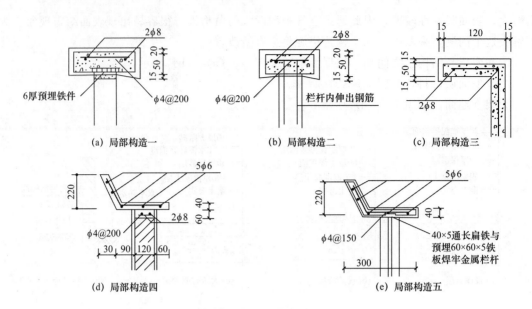

图 7-7　栏杆压顶的做法

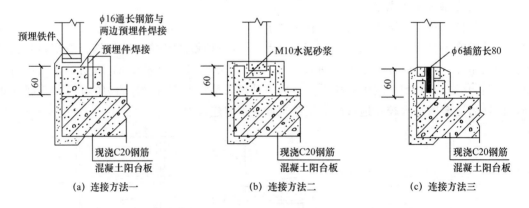

图 7-8　栏杆与阳台板的连接

第八章　楼梯构造

一、楼梯简述

1. 楼梯由哪几部分组成?

楼梯是由梯段、栏杆、中间平台、扶手四部分组成，图 8-1 是楼梯的组成。

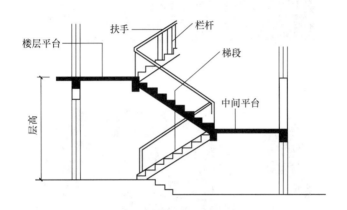

图 8-1　楼梯的组成

2. 楼梯按照材料和性质分为几种?

（1）按照材料分

①钢筋混凝土楼梯，如图 8-2 所示。

图 8-2　钢筋混凝土楼梯

②钢楼梯，如图8-3所示。

图8-3 钢楼梯

③木楼梯，如图8-4所示。

图8-4 木楼梯

④组合楼梯，如图8-5所示。

图8-5 组合楼梯

（2）按照使用性质分

①主楼梯，如图 8-6 所示。

图 8-6 主楼梯

②辅助楼梯，如图 8-7 所示。

图 8-7 辅助楼梯

③疏散楼梯，如图 8-8 所示。

图 8-8 疏散楼梯

④消防楼梯，如图 8-9 所示。

图 8-9　消防楼梯

3. 楼梯的设计要求是什么？

（1）通行顺畅、疏散便利　楼梯的主要功能就是要解决建筑物的垂直交通问题，因此其间距、数量、平面形式、踏步宽度与高度尺寸、栏杆细部做法等均应能保证通行顺畅、疏散便利，避免交通拥挤和堵塞。公共建筑的主要楼梯应设在明显和易于找到的位置，并宜有直接采光和自然通风。

（2）结构坚固、防火安全　楼梯的设计应考虑结构坚固，具有足够的承载力和刚度，在荷载作用下产生较小的变形。所用材料应为不燃烧体，符合防火规范的要求，以保证耐火安全。

（3）施工方便、经济合理　楼梯的设计要兼顾经济实用、施工方便。在选用材料时要注意就地取材，注意节约材料、降低能耗，并在保证质量的前提下降低造价。

（4）造型美观　楼梯作为建筑空间竖向联系的主要构件，其位置应明显。设计时要合理选择楼梯的形式、坡度、构造做法，精心处理楼梯与建筑整体的关系，保证造型美观。

4. 现浇式钢筋混凝土楼梯按结构形式如何分类？

现浇钢筋混凝土楼梯是将楼梯段、平台和平台梁现场浇筑成一个整体，其整体性好、抗震性强。其按构造的不同又分为板式楼梯和梁式楼梯两种。

（1）板式楼梯　由梯段板承受该梯段的全部荷载，并将荷载传递至两端的平台梁上的现浇式钢筋混凝土楼梯。

板式楼梯是运用最广泛的楼梯形式，可用于单跑楼梯、双跑楼梯、三跑楼梯等。它具有受力简单、施工方便的优点。板式楼梯可现浇也可预制，但目前大部分采用现浇，如图 8-10所示。

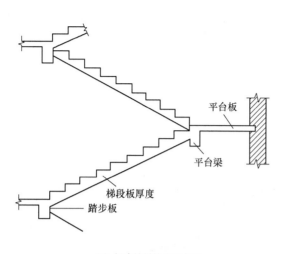

(a) 板式楼梯构造示意图　　　　　　　　　　(b) 板式楼梯实图

图 8-10　板式楼梯

（2）梁式楼梯　楼梯板下有梁的板式楼梯，因此又叫梁板式楼梯。

梁式楼梯是梯段踏步板直接搁置在斜梁上，斜梁搁置在梯段两端（有时候由于受力需要，斜梁设置三根）的楼梯梁上。梁式楼梯纵向荷载由梁承担。不过现在一般建筑中梁式楼梯很少用了。梁式楼梯传力路线：踏步板→斜梁→平台梁→墙或柱。

配筋方式：梯段横向配筋搁在斜梁上，另加分布钢筋。平台主筋均短跨布置，依长跨方向排列，垂直安放分布钢筋。

梁式楼梯在结构上分为双梁式与单梁式两种。

①双梁式。双梁式楼梯的两根斜梁分别布置在梯段板两侧。斜梁和梯段板的相对位置关系有两种：一种是斜梁在梯段板下方，上面踏步露出，称为明步，另一种是斜梁上翻，底面平整，踏步包在梁内，称为暗步，如图 8-11 所示。

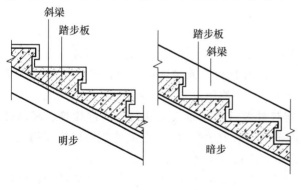

(a) 双梁式楼梯结构图　　　　　　　　　　(b) 双梁式楼梯实图

图 8-11　双梁式楼梯

②单梁式。单梁式楼梯（图 8-12）只设一根斜梁，有两种布置方式。一种是在梯段板的一端设斜梁，梯段板另一端搁置在墙上，这种做法能减少一根斜梁，节约用料，但施工不

便，应用不多；另一种是将单梁布置在踏步板的中部或一端，踏步板从梯梁的一侧或两侧悬挑，这种做法施工方便，应用较多。当荷载或梯段跨度较大时，梁板式楼梯比板式楼梯的钢筋和混凝土用量少、自重轻。因此，采用梁板式楼梯比较经济。但梁板式楼梯在支模、绑扎钢筋等施工方面比板式楼梯复杂。

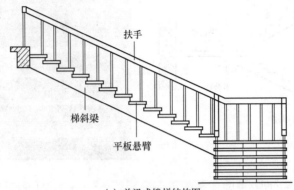

(a) 单梁式楼梯结构图

(b) 单梁式楼梯实图

图 8-12　单梁式楼梯

5. 楼梯的坡度范围是多少？

楼梯坡度是指梯段中各级踏步前缘的假定连线与水平面形成的夹角，也可以用梯段垂直投影高度与水平投影长度之比来表示。楼梯的坡度越小，行走越舒适，通行能力也越强，但会加大梯间进深，增加楼梯占用面积，从而增加造价。而坡度过大时，虽然节约了建筑面积，但行走起来费力且通行能力减弱。通常，对于使用频繁、人流较多的公共建筑，楼梯的坡度应平缓一些；对于使用人数较少的居住建筑或供少量人员通行的内部楼梯、辅助楼梯等，其坡度可以适当陡一些。楼梯的坡度范围一般为 20°～45°。公共建筑的楼梯使用人数较多，坡度应平缓一些，一般采用 26°34′；住宅建筑的楼梯使用人数较少，也不频繁，为节约建筑面积，坡度可稍大一些，常采用 33°42′。当坡度小于 20°时，可以设计成坡道；当坡度大于 60°时，可设计为爬梯。

6. 楼梯的踏步尺寸如何确定？

楼梯踏步由踏面和踢面组成，踏步尺寸包括踏步宽度（b）和踏步高度（h），如图 8-13（a）所示。楼梯踏步高度与踏步宽度的比决定了楼梯的坡度。

踏步面的宽度与人的脚长和脚与踏步面接触的状态有关，当踏步面宽为 300mm 左右时，人的脚可以完全落在踏步上，行走舒适。踏步面如果过窄，则会使脚部分悬空，既行走不便，也不安全。一般楼梯踏步宽度不宜小于 250mm。如果踏面较窄，可做成带踏口或斜踢面的形式，使踏面的实际宽度加大，一般踏口挑出 20～25mm，如图 8-13（b）、（c）所示。

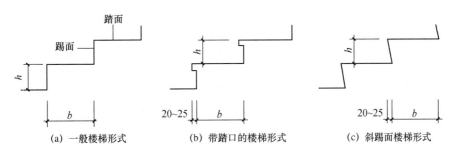

(a) 一般楼梯形式　　(b) 带踏口的楼梯形式　　(c) 斜踢面楼梯形式

图 8-13　楼梯的踏步尺寸

踢面高度取决于人的步幅和踏面宽度。人的步幅一般为 600～620mm，因此，可用经验公式 $2h+b=600～620$mm 或 $h+b=450$mm 来计算。踏步尺寸的限值应符合表 8-1 的规定。

表 8-1　楼梯踏步最小宽度与最大高度

楼梯类别	最小宽度/mm	最大高度/mm
住宅共用楼梯	260	175
幼儿园、小学楼梯	260	150
电影院、剧场、体育馆、商场、医院、疗养院、旅馆、大中学校等楼梯	280	160
其他建筑楼梯	260	170
专用疏散楼梯	250	180
服务楼梯、住宅套内楼梯	220	200

7. 怎样确定楼梯的梯段宽度和长度？

①楼梯梯段宽度是指墙面至扶手中心线或扶手中心线之间的水平距离，主要取决于紧急疏散时通过的人流股数和家具、设备的通行宽度。设计时应根据不同建筑物的使用特征，按每股人流通行宽度为 0.55m＋（0～0.15）m 来确定，并不应少于两股人流。其中，0.55m为成年人的平均肩宽，0～0.15m 为人流在行进中人体的摆幅，公共建筑人流众多的场所应取上限值，单人行走的楼梯梯段的宽度还需要适当加大。尤其是人员密集的公共建筑（如商场、剧场、体育馆等）的主要楼梯应考虑多股人流通行，以避免造成垂直交通拥挤和阻塞现象；同时，还要满足各类建筑设计规范中对梯段宽度的低限要求。表 8-2 所示为楼梯梯段宽度的一般计算依据。

表8-2 楼梯梯段宽度

计算依据：每股人流为 0.55m＋（0～0.15）m		
梯段类别	梯段宽度/mm	备注
单人单墙	＞900	满足单人携物通过
双人双墙	＞750	—
双人通行	1100～1400	消防要求每个楼梯必须保证两人同时上下
三人通行	1650～2100	—

②楼梯梯段的长度是指每一梯段的水平投影长度，取决于该梯段的踏步数及每一踏步的踏面宽度。计算公式为

$$L = b(n-1)$$

式中　L——梯段的长度；

　　　b——踏步的宽度；

　　　n——梯段的踏步数。

8. 楼梯的平台宽度、扶手高度和净空高度的最小尺寸是多少？

（1）平台宽度　对于平行和折行多跑等梯段改变方向的楼梯，为便于在转折处人流的通行和家具的搬运，中间平台的最小宽度不应小于梯段宽度，并不得小于1200mm，当有搬运大型物件需要时应适量加宽。对于直行多跑楼梯，梯段不改变方向，中间平台的最小宽度为了保证人流的分配和停留，楼层平台应比中间平台更宽一些。当楼梯间内有凸出的结构构件时，平台的宽度还应适当加大，以保证不影响平台的疏散宽度。

（2）扶手高度　栏杆扶手是楼梯中用以保障人身安全或分隔空间的防护分隔构件，其高度是指从踏步前缘线至扶手上表面的垂直距离。楼梯应至少于一侧设置扶手。一般室内楼梯扶手高度不应小于900mm，室外楼梯扶手高度不应小于1100mm。幼儿建筑的楼梯应在500～600mm高度增设一道扶手，供儿童使用。当楼梯靠梯井一侧的水平扶手长度超过500mm时，其高度不应小于1000mm。

（3）楼梯净空高度　楼梯净空高度包括平台部位和梯段部位的净高，以保证人流通行安全和家具搬运便利为确定原则。其中，平台部位的净高是指楼梯平台至上部结构下缘的垂直高度，不应小于2m。梯段净高为踏步前缘到上部结构底面的垂直距离，一般应大于人体上肢伸直向上，手指触到上部结构的距离。考虑人肩扛物体的需要，为保证人在行进时不发生碰撞和产生压抑感，楼梯段净高一般不宜小于2.20m。

二、台阶、坡道与无障碍设计

1. 台阶的尺度一般控制在多少？

室外台阶的坡度一般在15°～20°之间。每级踏步宽度不宜小于300mm，高度不宜大于150mm，并不宜小于100mm。在台阶与建筑出入口处之间，需设缓冲平台，作为室内外空间的过渡。平台宽度不小于门洞口宽度，深度不小于门扇的宽度；当用弹簧门时，平台深度应不小于门扇宽度加500mm，以增加安全性。同时，平台表面需向外倾斜1%～3%的坡度，以利雨水外排，如图8-14所示。

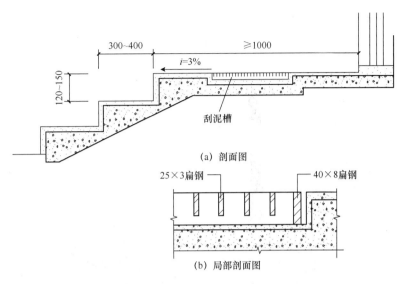

(a) 剖面图

(b) 局部剖面图

图 8-14　台阶的尺度

2. 台阶的构造是什么？

室外台阶受外界环境影响较大，其面层应防水、防滑、防冻、防腐蚀。设计时应选用防滑、耐久、抗风化的材料，如水泥石屑、斩假石、天然石材、防滑地砖等。

台阶的垫层做法和地面做法类似。一般只需挖去腐殖土，采用素土夯实后按台阶的形状做 C10 混凝土垫层或砖、石垫层即可，如图 8-15 所示。严寒地区的室外台阶易出现冻胀破坏，可将台阶的垫层换做含水率低的砂石垫层。

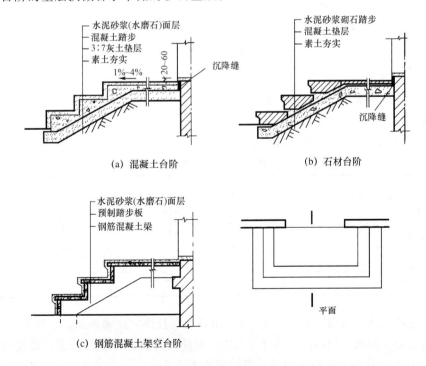

(a) 混凝土台阶　　　　　　　(b) 石材台阶

(c) 钢筋混凝土架空台阶

图 8-15　台阶类型构造

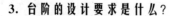
3. 台阶的设计要求是什么？

室外台阶的连续踏步数不应少于 2 级，当高差不足 2 级时，应按坡道设置。在人流密集的场所，台阶高度超过 0.70m 并侧面凌空时，需采取安全防护设施，即设置防护栏杆或挡墙。

4. 如何设置坡道的部位？

室内外入口处有通行车辆的建筑，或不适宜做台阶的部位，应设置坡道。例如，影剧院的太平门外必须设坡道，而不允许做台阶；医院、疗养院、宾馆或有轮椅通行的建筑，室内外高差除用台阶连接外，还须设置专用坡道；有无障碍设计要求的部位，应设置专用无障碍坡道。坡道的类型如图 8-16 所示。

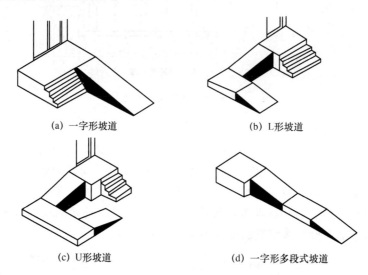

(a) 一字形坡道　　　　　　　　　(b) L形坡道

(c) U形坡道　　　　　　　　　(d) 一字形多段式坡道

图 8-16　坡道的类型

5. 如何设定坡道的尺度？

坡道的尺度包括坡道的宽度和坡度。

（1）坡道的宽度　坡道的宽度应根据建筑物的性质和使用要求来定，建筑出入口处的坡道宽度不应小于 1200mm，具体见表 8-3。

表 8-3　坡道的宽度

交通种类	最小宽度/m	交通种类	最小宽度/m
单人	≥0.75	小轿车	2.00
自行车	0.6	消防车	2.06
三轮车	1.24	卡车	2.50
手扶拖拉机	0.84~1.5	大轿车	2.66

（2）坡道的坡度　坡道的坡度（表 8-4）用高度与长度之比来表示，一般为（1∶12）~（1∶6）；面层光滑的坡道坡度不宜大于 1∶10；粗糙或设有防滑条的坡道，坡度可稍大，但也不宜大于 1∶6；残疾人通行的坡道，其坡度不大于 1∶12。当室内坡道水平投影长度超过 15m 时，宜设休息平台，平台宽度应根据使用功能或设备尺寸所需的缓冲空间而定。

表 8-4　坡道的坡度

坡度	1：20	1：16	1：12	1：10	1：8
最大高度/m	1.50	1.00	0.75	0.60	0.35

6. 坡道的构造是什么？

坡道地面应平整、坚固、防滑，设计时应选用耐久、耐磨、抗风化、抗冻性好的材料，其构造与台阶相似，如图 8-17 所示。对防滑要求较高或坡度较大时，可采取设防滑条线或锯齿等措施。

图 8-17　防滑坡道

7. 坡道的设计要求有哪些？

坡道两侧在 900mm 和 650mm 高度处宜设上下层扶手，扶手应安装牢固、可靠；扶手的形状应易于抓握。有无障碍设计要求的坡道起点和终点处的扶手，应向水平方向延伸 300mm 以上。坡道侧面凌空时，栏杆下端宜设高度不小于 50mm 的安全挡台。

8. 什么是无障碍设计？

无障碍设计是当代城市文明建设和人类进化的标志，而"对人的关怀"则是其最基本的原则。建设无障碍环境，不仅为残疾人、老年人参与社会生活提供了必要的安全和方便的条件，同时也给推童车的母亲、伤病患者以及携带重物者带来了方便，是造福全民的一件好事。

无障碍设计的范围包括各类建筑的内、外部交通系统以及道路、公共设施和绿地等部位。本节只介绍连接不同高差的楼梯、台阶、坡道等设施。无障碍设施应设置国际上通用的无障碍标志牌，如图 8-18 所示。

图 8-18　无障碍标志

9. 无障碍坡道的设计要求是什么？

供轮椅通行的坡道应设计成直线形、L 形或 U 形等，不应设计成圆形和弧形。在直坡道两端起点和终点的水平段和 L 形、U 形坡道转向处的中间平台水平段，应设有深度不小于 1500mm 的轮椅缓冲带。

无障碍扶手是行动受限者在通行中不可缺少的助行设施。坡道两侧应在 850mm 高度处设扶手，供轮椅使用的坡道两侧应设高度为 650mm 的扶手，扶手要保持连贯。坡道栏杆尺寸与扶手如图 8-19 所示。坡道起点及终点处的扶手应水平延伸 300mm 以上；坡道两侧凌空时，在栏杆下端宜设高度不小于 50mm 的安全挡台，以防止拐杖头和轮椅前面的小轮滑出栏杆间的空当。

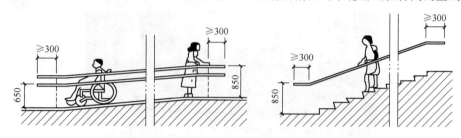

图 8-19　扶手栏杆尺寸示意

10. 无障碍坡道与台阶的坡度与宽度是多少？

《无障碍设计规范》（GB 50763—2012）规定，便于残疾人通行的坡道的坡度标准为不大于 1/12，同时还规定与之相匹配的每段坡道的最大高度为 750mm，最大坡段水平长度为 9000mm。当坡道较短且人流较少时，室内设 1000mm 坡宽，可保障一辆轮椅通行；当坡道长且流量大时，室内坡宽应大于等于 1200mm。室外坡道的宽度不应小于 1500mm，以保障一辆轮椅和一个人正面相对通过，此宽度也能勉强通过两辆相对而行的轮椅。

11. 如何设置无障碍楼梯？

（1）楼梯坡度与形式　楼梯应尽量采用平缓坡度，楼梯的梯段坡度宜在 35°以下，或按公式 $2h+b=600\sim620$mm 来计算踏步宽度和高度，但其中 h 值不宜大于 170mm，应尽量使踢面高不大于 150mm，其中养老院建筑采用 140mm 为宜。

楼梯梯段宜采用直行方式，不宜采用弧形梯段，或在中间平台上设置扇步，公共建筑梯段宽度不应小于 1500mm，居住建筑梯段宽度不应小于 1200mm。每段梯段的踏步数应在 3～18 级范围内。

为便于弱视者通行，楼梯在设计时需考虑运用强烈的色彩反差，提高视觉效果，以增加通行的安全度，减少事故率。

（2）楼梯踏步　供拄拐者及视力残疾者使用的楼梯踏步形状应无直角突缘，以防发生勾绊行人或其助行工具的意外事故；踏步凌空一侧应有立缘、踢脚板或栏板。

踏面表面不应过于光滑，且不得积水。防滑条向上突出踏面不得超过 5mm。距踏步起点与终点 250～300mm 处应设提示块。

（3）楼梯扶手栏杆　楼梯两侧应设扶手，在梯段的起始及终结处，扶手应自其前缘向前伸出 300mm 以上，扶手末端伸向墙面，或向下延伸 100mm，栏杆式扶手应向下呈弧形或延伸到地面上固定。扶手断面应便于抓握，两段紧邻梯道的扶手应保持连贯。扶手抓握界面为 35～45mm，侧面与墙面距离为 40～50mm，并与墙面颜色要有区别，扶手高 850mm，需设置两层扶手时，下层扶手高 650mm。

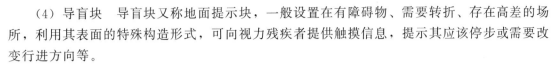

（4）导盲块 导盲块又称地面提示块，一般设置在有障碍物、需要转折、存在高差的场所，利用其表面的特殊构造形式，可向视力残疾者提供触摸信息，提示其应该停步或需要改变行进方向等。

12. 如何设置无障碍电梯？

在大型公共建筑、医疗建筑和高层建筑中，无障碍电梯是残疾人最理想的垂直交通设施。肢体残疾人及视力残疾者自行操作的电梯应采用残疾人专配设施的标准无障碍电梯，电梯候梯厅和轿厢应符合以下规定。

①电梯厅深度不宜小于1800mm，以满足乘轮椅者转换位置和等候的要求。电梯厅按钮高度为900～1100mm，轿厢侧壁上设高900～1100mm的带盲文的选层按钮，在轿厢三面壁上设高800～850mm的扶手。

②电梯厅应设电梯运行显示和抵达音响，轿厢在上下运行中与到达时应有清晰的显示和报层音响。

③电梯门洞净宽度不宜小于900mm，电梯轿厢门开启净宽度不应小于800mm，门扇关闭时应有安全措施，每层电梯口应安装楼层标志，电梯入口处应设提示盲道。

④电梯轿厢的规格，根据建筑的不同使用性质和要求选用。最小规格为1400mm×1100mm（轮椅可直接进入电梯），中型规格为1700mm×1400mm（轮椅可在轿厢内旋转180°，正面驶出电梯），医疗建筑与老人居住的建筑等应选用担架可进入的电梯轿厢，在轿厢正面壁上距地900mm至顶部应安装镜子。

三、电梯和自动扶梯

1. 电梯分为几种类型？

电梯是一种以电动机为动力的垂直升降机，装有箱状吊舱，用于多层建筑乘人或载运货物。

电梯分为以下几种类型。

①客梯，如图8-20所示。

②货梯，如图8-21所示。

图8-20 客梯

图8-21 货梯

③病床梯，如图 8-22 所示。

④小型杂货梯，如图 8-23 所示。

⑤观光梯，如图 8-24 所示。

图 8-22　病床梯

图 8-23　小型杂货梯

图 8-24　观光梯

2. 电梯由几部分组成？

电梯由轿厢，电梯井道及控制设备系统三大部分组成。其中，电梯的机械控制设备系统由平衡重、垂直导轨、提升机械、升降控制系统、安全系统等部件组成。

（1）电梯轿厢　电梯轿厢是直接载人或载物的部件，多为金属框架结构，其内部装修应美观、耐用、易于清洁，常用的内饰材料有不锈钢板、穿孔铝板壁面以及花格钢板地面等，如图 8-25 所示。

图 8-25　电梯轿厢

（2）电梯井道　电梯井道是电梯运行的垂直通道，常采用钢筋混凝土整体现浇而成，如图 8-26 所示。

（3）控制设备系统　电梯的控制设备系统如图 8-26 所示。

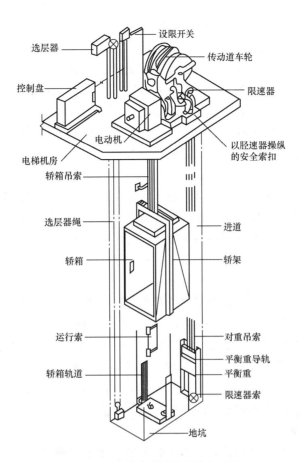

选层器

设限开关

传动道车轮

控制盘

限速器

电动机

以胫速器操纵
的安全索扣

电梯机房

轿箱吊索

选层器绳

进道

轿箱

轿架

运行索

对重吊索

平衡重导轨

轿箱轨道

平衡重

限速器索

地坑

图 8-26　电梯井道及控制设备系统

3. 电梯井应该满足哪些要求？

（1）井道尺寸　由于电梯的性质不同，其井道的形状与尺寸要求也各不相同，具体平面净空尺寸需根据所选用的电梯型号要求来决定，一般为（1800～2500）mm×（2100～2600）mm。观光电梯的井道尺寸还要注意与建筑外观和谐统一，并注意美观。

为保证电梯轿厢在井道中运行时满足吊缆装置上下空间和检修的需要，规定电梯井道在顶层停靠层必须有 4.5m 以上的高度；在底层以下也需要留有不小于 1.4m 深的地坑供电梯缓冲之用，当地坑深度达到 2.5m 时，应设检修爬梯和必要的检修照明电源。

（2）井道防火　电梯的井道在多层、高层建筑的竖向贯穿各层，火灾中容易形成烟囱效应，导致火焰和烟气蔓延，是防火的重点部位。因此，井道围护构件应根据防火规范进行设计，较多采用砖墙或钢筋混凝土墙。高层建筑的井道内，超过两部电梯时应用墙隔开。

（3）井道通风　为有利于通风和一旦发生火灾时能迅速将烟和热气排出室外，电梯井道的顶部和地坑应有不小于 300mm×600mm 的通风孔，上部可以和排烟孔（井道面积的3.5%）结合。层数较多的建筑，中间也可酌情增加通风孔。

（4）井道隔声　电梯在启动和停靠时噪声很大，应采用适当的减振隔声措施。一般情况下，可在机房机座下设弹性隔振垫。当电梯运行速度超过 1.5m/s 时，除设弹性垫层外，还需在机房与井道之间设隔声层，高度为 1500～1800mm。对于住宅建筑，电梯井道外侧应避免布置卧室，否则应注意加强隔声措施。

4. 电梯的设计要点是什么？

电梯是高层建筑的主要交通工具，也是垂直交通与水平交通的转换枢纽。电梯的选用及电梯厅的设计对高层建筑的人群疏散起着重要的作用，特别是在防火、安全方面尤为重要。

（1）电梯的布置 电梯及电梯厅应适当集中，其位置应考虑使各层及层间服务半径均等。每个服务区单侧排列的电梯不宜超过4台，双侧排列的电梯不宜超过2×4台。

在设计时，可按电梯的运行速度，分层分区设置。在超高层建筑中，应将电梯分为高、中、低层运行组进行布置。

电梯厅与走廊应避免流线干扰，可将电梯厅设在凹处，但不应贴邻转角处布置。

电梯候梯厅的深度，根据《民用建筑设计通则》（GB 50352—2005）的有关规定，住宅电梯候梯厅的深度应大于等于电梯轿厢深度，公共建筑电梯、医院病床电梯的候梯厅深度应大于等于1.5倍的轿厢深度，并不得小于1.50m。

（2）电梯的数量

①客梯。对于办公楼，应根据总建筑面积估算，每3000～5000m²设1台电梯。对于旅馆，每100间客房设1台电梯。对于住宅楼，7～11层每栋楼设置电梯不应少于1台；12层及以上，每栋楼设置电梯不应少于2台，一般每台电梯服务60～90户。

②消防梯。当每层建筑面积≤1500m²时，应设1台电梯；当建筑面积大于1500m²但≤4500m²时，应设2台电梯；当建筑面积大于4500m²时，应设3台电梯。消防电梯可与客梯或工作电梯兼用，但应符合消防电梯的要求。

5. 什么是自动扶梯？

自动扶梯（图8-27）也称滚梯，适用于有大量人流上下的建筑物，如火车站、客运站、码头、地铁站、航空港、大型商场及展览馆等。一般自动扶梯正逆方向均可运行，即可在提升和下降时使用。在机器停止运转时，也可做临时性的普通楼梯使用。它的平面布置分单台或多台设置，可采取平行排列、交叉排列、连贯排列、集中交叉等布置方式。

图8-27 自动扶梯

6. 自动扶梯由哪几部分构成？

自动扶梯由电动机械牵动梯段踏步连同扶手上下运行，机房悬在楼板下面（此部分楼板为活动式），主要由踏步齿轮、小轮、踏步牵引导轨、活动连杆和构配件等组成，构配件包括栏板、扶手、桁架侧面、底面外包层、中间支撑等，如图8-28所示。

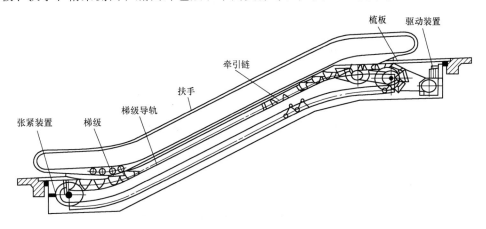

图 8-28 自动扶梯结构图

7. 自动扶梯的设计要求是什么？

①自动扶梯的布置应在合理的流线上。

②自动扶梯和自动人行道不得算作安全出口。

③为保障乘客安全，出入口需设置畅通区。出入口畅通区的宽度不应小于2.5m，一些公共建筑如商场等常有密集人流穿过畅通区，应增加人流通过的宽度。

④自动扶梯扶手带顶面距自动扶梯前缘、自动人行道踏板面或胶带面的垂直高度不应小于0.90m；扶手带外边至任何障碍物不应小于0.50m，否则应采取措施，以防止障碍物造成人员伤害。

⑤两梯之间扶手带中心线的水平距离不宜小于0.50m，否则应采取措施。

⑥自动扶梯的梯级、自动人行道的踏板或胶带上空，垂直净高不应小于2.30m。

四、楼梯的构造做法

1. 如何对栏杆扶手与墙、柱进行构造连接？

靠墙扶手以及楼梯顶层的水平栏杆扶手应与墙、柱连接。可以在砖墙上预留孔洞，将栏杆扶手铁件插入洞内并嵌固；也可以在混凝土柱相应的位置上预埋铁件，再与栏杆扶手的铁件焊接（图8-29）。

2. 栏杆与梯段的连接做法是什么？

栏杆与梯段应有可靠的连接，具体做法有以下几种。

（1）预埋铁件焊接　将栏杆的立杆与梯段中预埋的钢板或套管焊接在一起。

（2）预留孔洞插接　将端部做成开脚或倒刺插入梯段预留的孔洞内，用水泥砂浆或细石混凝土填实。

（3）螺栓连接　用螺栓将栏杆固定在梯段上，固定方式有若干种，如用板底螺帽栓紧贯穿踏板的栏杆等，栏杆与梯段的连接做法见表8-5。

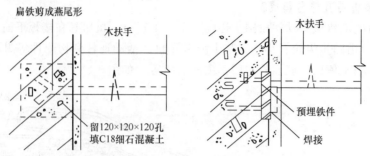

（a）顶层扶手与墙、柱的连接

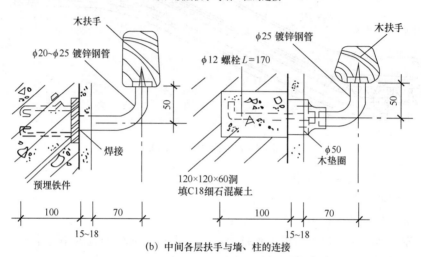

（b）中间各层扶手与墙、柱的连接

图 8-29　栏杆扶手与墙、柱连接构造

表 8-5　栏杆与梯段的连接做法

方法	内容	示意图
预埋件焊接	将栏杆的立杆与梯段中预埋的钢板或套管焊接在一起	
预留孔洞插接	将端部做成开脚或倒刺插入梯段预留的孔洞内，用水泥砂浆或细石混凝土填实	

续表

方法	内容	示意图
螺栓连接	用螺栓将栏杆固定在梯段上,固定方式有多种,如用板底螺帽栓紧贯穿踏板的栏杆等	

3. 如何加强楼梯各构件之间的连接?

由于楼梯是主要交通部件,对其坚固耐久、安全可靠的要求较高,特别是在地震区建筑中更需引起重视,并且梯段为倾斜构件,故需加强各构件之间的连接,提高其整体性,如图 8-30 所示。

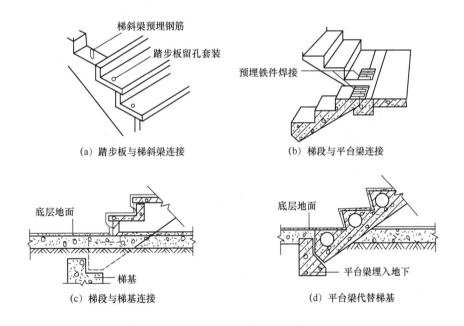

(a) 踏步板与梯斜梁连接　　　　(b) 梯段与平台梁连接

(c) 梯段与梯基连接　　　　(d) 平台梁代替梯基

图 8-30　楼梯各构件之间的连接

4. 如何对电梯机房进行隔振、隔声处理?

为了减轻机器运行时对建筑物产生的振动和噪声,应采取相应的隔振及隔声措施,可在机房机座下设置弹性垫层。电梯运行速度超过 15m/s 时,除应设弹性垫层外,还应在机房与井道间设隔声层,高度为 1.5~1.8m,如图 8-31 所示。

电梯井道的外侧不应作为卧室，若无法避免时，应注意设置隔声措施，应将楼板与井道壁脱开，另做隔声墙，也可只在井道外砌筑加气混凝土块衬墙。

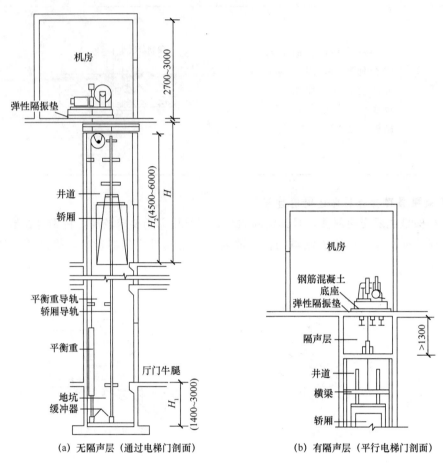

图 8-31　电梯机房隔振、隔声处理

第九章　屋顶构造

一、屋顶构造简述

1. 屋顶的设计要求是什么？

（1）结构要求　屋顶必须能够承受建筑物顶部荷载，包括风、雨、雪、人、设备、植被等荷载，并具有足够的强度和刚度，以保证房屋的结构安全，防止因过大的结构变形造成屋面开裂、漏水等。另外，屋顶还需要符合自重轻、构造简单、施工方便等要求。

（2）功能要求　首先，屋顶必须能够抵御自然界雨、雪的侵袭，具有排水和防水的功能，这是屋顶最基本的功能要求，也是屋顶构造设计的核心内容；其次，屋顶还必须能够抵御自然界冷空气的侵袭和太阳辐射的影响，具有保温隔热功能，这是现代建筑节能设计的重要内容。

（3）建筑形象要求　屋顶是建筑第五立面，对建筑的整体造型具有重要意义。屋顶造型必须符合美学原则，它往往能体现地域、民族、文化和历史特色，是建筑形象的重要表现手段。

2. 屋顶的类型有哪些？

由于房屋的使用功能、屋面材料、承重结构形式和建筑造型等不同，屋顶有多种类型，归纳起来大致可分为平屋顶、坡屋顶和曲面屋顶等。

（1）平屋顶　平屋顶（图 9-1）为屋面坡度小于 5% 的屋顶，常用坡度为 2%～3%。平屋顶具有构造简单、节约材料、屋面便于利用等优点，同时也存在着造型单一的缺陷。目前，平屋顶仍是我国一般建筑工程中较常见的屋顶形式。

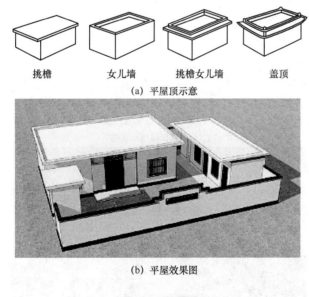

|挑檐|女儿墙|挑檐女儿墙|盖顶|

(a) 平屋顶示意

(b) 平屋效果图

图 9-1　平屋顶

（2）坡屋顶　坡屋顶为屋面坡度大于 10% 的屋顶。坡屋顶在我国有着悠久的历史，由于坡屋顶造型丰富多彩，并能就地取材，至今仍被广泛应用。坡屋顶可分为单坡、双坡和四坡、歇山等多种形式，如图 9-2 所示。

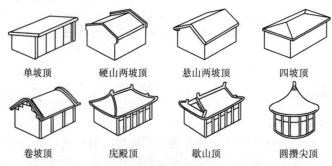

单坡顶　　硬山两坡顶　　悬山两坡顶　　四坡顶

卷坡顶　　庑殿顶　　歇山顶　　圆攒尖顶

(a) 坡屋顶示意图

(b) 坡屋顶效果图

图 9-2　坡屋顶实图

（3）曲面屋顶　曲面屋顶为由各种薄壳结构、悬索结构以及网架结构等作为屋顶承重结构的屋顶，如双曲拱屋顶、球形网壳屋顶等。这类结构的受力合理，能充分发挥材料的力学性能，但施工复杂、造价高，故常用于大跨度的大型公共建筑中。具体表示法如图 9-3 所示。

砖石拱屋顶　　球形网壳屋顶　　扁壳屋顶　　车轮形悬索屋顶

(a) 曲面屋顶示意图

(b) 曲面屋顶实景图

图 9-3　曲面屋顶

3. 如何表示屋顶的坡度？

为了迅速排除屋面雨水，屋顶必须具有一定坡度。常用的坡度表示方法有角度法、斜率法和百分比法。斜率法以屋顶倾斜面的垂直投影长度与水平投影长度之比来表示，如1：5；百分比法以屋顶倾斜面的垂直投影长度与水平投影长度之比的百分比值来表示，如$i=2\%$；角度法以倾斜面与水平面所成夹角的大小来表示，如30°。坡度较小时常用百分比法，坡度较大时常用斜率法，角度法应用较少。具体表示法如图9-4所示。

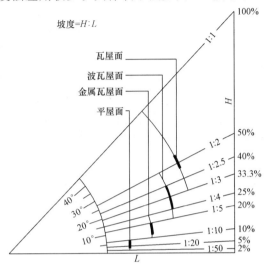

图9-4 屋顶坡度

二、平屋顶构造

1. 平屋顶由哪几部分组成？

平屋顶一般由面层（防水层）、保温层或隔热层、结构层和顶棚层四部分组成。此外，根据需要还可以有保护层、找平层、找坡层、隔气层等。因各地气候条件不同，所以其组成也略有差异。比如，在我国南方地区，一般不设保温层，而北方地区则很少设隔热层。

（1）面层（防水层） 屋顶通过面层材料的防水性能达到防水的目的。平屋顶坡度较小、排水缓慢，要加强面层的防水构造处理。平屋顶一般选用防水性能好和单块面积较大的屋面防水材料，并采取有效的接缝处理措施来增强屋面的抗渗能力。目前，在工程中常用的有卷材、涂膜防水等。

（2）保温层或隔热层 为防止冬、夏季顶层房间过冷或过热，需在屋顶构造中设置保温层或隔热层。常用的保温材料大都是轻质多孔的粒状材料和块状制品，如膨胀珍珠岩、加气混凝土块、聚苯乙烯泡沫塑料板等。

（3）结构层 平屋顶主要采用钢筋混凝土结构。按施工方法不同，有现浇钢筋混凝土结构、预制装配式钢筋混凝土结构和装配整体式钢筋混凝土结构三种形式。

（4）顶棚层 顶棚层的作用及构造做法与楼板层顶棚基本相同，分直接抹灰式顶棚和悬吊式顶棚。

2. 卷材、涂抹屋面的构造层次有哪些？各层做法如何？

卷材、涂膜防水屋面构造层次自下而上为结构层、找平层、隔气层、保温层、找坡层、找平层、防水层、保护层（其中，设不设隔气层、找平层由工程设计确定），如图9-5所示。

（1）结构层　通常为预制或现浇钢筋混凝土屋面板，要求具有足够的强度和刚度。

（2）找坡层　当屋顶采用材料找坡时，应尽量选用轻质材料形成所需要的排水坡度，如陶粒、浮石、膨胀珍珠岩、加气混凝土碎块等轻集料混凝土，找坡层坡度应不小于2%，可利用现制保温层兼作找坡层。当屋顶采用结构找坡时，则不设找坡层。

（3）隔气层　在严寒及寒冷地区且室内空气湿度大于75%，其他地区室内空气湿度常年大于80%，或采用纤维状保温材料时，保温层下应选用气密性、水密性好的材料做隔气层。温水游泳池、公共浴室、厨房操作间、开水房等的屋面应设置隔气层。

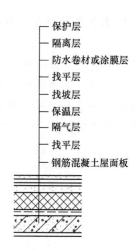

保护层
隔离层
防水卷材或涂膜层
找平层
找坡层
保温层
隔气层
找平层
钢筋混凝土屋面板

图9-5　卷材、涂膜防水屋面构造层次

隔气层做法同防水层，隔气层在屋面上应形成全封闭的构造层，沿周边女儿墙或立墙面向上连续铺设，高出保温层上表面不得小于150mm。局部隔气层时，隔气层应扩大至潮湿房间以外至少1.0m处。

隔气层可采用防水卷材或涂料，并宜选择其蒸汽渗透阻较大者。隔气层采用卷材时宜优先采用空铺法铺贴。

（4）保温层　保温层宜选用轻质、吸水率低、热导率小，并有一定强度的保温材料，《屋面工程技术规范》（GB 50345—2012）按材料把保温层分为三类，即板状材料保温层（如聚苯乙烯泡沫塑料、硬质聚氨酯泡沫塑料、膨胀珍珠岩制品、加气混凝土砌块、泡沫混凝土砌块等），纤维材料保温层（如玻璃棉制品、岩棉制品、矿渣棉制品）和整体材料保温层（如现浇泡沫混凝土、喷涂硬泡聚氨酯）。纤维材料做保温层时，应采取防止压缩的措施。

在混凝土结构屋面保温层干燥有困难时，应采取排气措施。排气道设置在保温层内，排气道应纵横贯通，并与大气连通的排气管相通，排气管可设在檐口下或屋面排气道的交叉处。排气道纵横间距6m，屋面面积每36m²设一个排气管。排气管应固定牢靠，并做好防水处理。

（5）找平层　卷材、涂膜的基层应坚实而平整，以避免防水层凹陷或断裂。找平层一般设在结构层或保温层上面，保温层上的找平层容易变形和开裂，故规范规定保温层上的找平层应留设分格缝，缝宽5～20mm，纵横缝的间距不大于6m。由于结构层上设置的找平层与结构同步变形，故找平层可以不设分格缝。

（6）防水层

①防水材料的选择。据当地历年最高气温、最低气温、屋面坡度和使用条件等因素选择耐热度、柔性相适应的卷材或涂膜。如在严寒和寒冷地区，应选择低温柔性好的卷材；在炎热和日照强烈的地区，应选择耐热性好的卷材或涂膜。

防水卷材是一种可卷曲的片状防水材料。根据其主要防水组成材料可分为高聚物改性沥青防水卷材和合成高分子防水卷材两大类。高聚物改性沥青防水卷材有弹性体改性沥青防水卷材（SBS卷材）、塑性体改性沥青防水卷材（APP卷材）和改性沥青聚乙烯胎防水卷材（PEE卷材）等。合成高分子防水卷材有橡胶系列（聚氨酯、三元乙丙橡胶、丁基橡胶等），塑料系列（聚乙烯、聚氯乙烯等）和橡胶塑料共混系列防水卷材三类。常见的有三元乙丙橡胶防水卷材、聚氯乙烯防水卷材、氯化聚乙烯-橡胶共混防水卷材等。

涂膜防水涂料有合成高分子类防水涂料、高聚物改性沥青防水涂料、聚合物水泥防水涂料。

②防水层厚度。卷材、涂膜防水屋面的防水层除要满足《屋面工程技术规范》（GB 50345—2012）对屋面防水等级和设防要求外，还应满足《屋面工程技术规范》（GB 50345—2012）对防水层厚度的要求。

檐沟、天沟与屋面交接处、屋面平面与立面交接处，以及水落口、伸出屋面管道根部等部位，应设置卷材或涂膜附加层；屋面找平层分格缝等部位宜设置卷材空铺附加层，其空铺宽度不宜小于100mm。

③防水卷材接缝。防水卷材接缝应采用搭接缝，卷材搭接宽度应符合表9-1的规定。

表 9-1　卷材搭接宽度

卷材类别		搭接宽度/mm
合成高分子防水卷材	胶黏剂	80
	胶黏带	50
	单缝焊	60（有效焊接宽度不应小于25）
	双缝焊	80（有效焊接宽度10×2+空腔宽）
高聚物改性沥青防水卷材	胶黏剂	100
	自粘	80

④ 胎体增强材料。涂膜防水层的胎体增强材料宜采用无纺布或化纤无纺布；胎体增强材料长边搭接宽度不应小于50mm，短边搭接宽度不应小于70mm；上下层胎体增强材料的长边搭接缝应错开，且不得小于幅宽的1/3；上下层胎体增强材料不得相互垂直铺设。

（7）保护层　设置保护层的目的是保护防水层。保护层的材料和做法应根据屋面的利用情况而定。上人屋面保护层采用现浇细石混凝土或块体材料，如图9-6所示；不上人屋面保护层采用预制板、浅色涂料、铝箔或粒径10～30mm的卵石。

块体材料、水泥砂浆、细石混凝土保护层与卷材、涂膜防水层之间应采用塑料膜、土工布、卷材或低强度等级的砂浆作为隔离层。

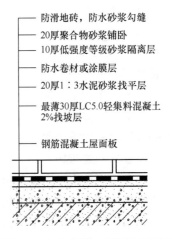

— 防滑地砖，防水砂浆勾缝
— 20厚聚合物砂浆铺卧
— 10厚低强度等级砂浆隔离层
— 防水卷材或涂膜层
— 20厚1:3水泥砂浆找平层
— 最薄30厚LC5.0轻集料混凝土2%找坡层
— 钢筋混凝土屋面板

图 9-6　上人卷材、涂膜防水屋面

块体材料、水泥砂浆、细石混凝土保护层与女儿墙或山墙之间，应预留宽度为30mm的缝隙，缝内宜填塞聚苯乙烯泡沫塑料，并应用密封材料封严。

采用块体材料做保护层时，宜设分格缝，其纵横间距不宜大于10m，分格缝宽20mm，并用密封材料封严；采用细石混凝土板做保护层时，应设分格缝，其纵横间距不应大于6m，分格缝宽 20mm，并用密封材料封严；采用水泥砂浆做保护层时，表面应抹平压光，并应设表面分格缝，分格面积宜为 1m²。

3. 平顶屋如何形成排水？

屋面坡度的形成方法有材料找坡和结构找坡两种，如图 9-7 和图 9-8 所示。

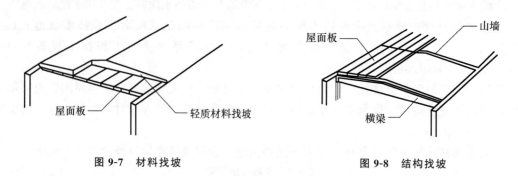

图 9-7　材料找坡　　　　　　　　图 9-8　结构找坡

（1）材料找坡　材料找坡又称垫置坡度。采用这种做法时，将屋面板水平搁置，屋面坡度由铺设在屋面板上的找坡层形成。找坡层的材料一般采用造价低的轻质材料，如炉渣等，通过材料厚度的变化，形成不同的坡度。材料找坡形成的坡度不宜过大，否则找坡层的平均厚度增加，会加大屋面荷载，导致造价增加。

在北方地区设置屋顶保温层时，也有采用保温层形成坡度的做法，这种做法比单独设置找坡层的做法造价高，一般不宜采用。

（2）结构找坡　结构找坡又称搁置坡度。采用这种做法是由屋面板倾斜搁置形成坡度，屋面板以上各层厚度不变。结构找坡的坡度加大时，并不会增加材料用量和造价，所以形成的坡度可以比材料找坡大一些。结构找坡不需要另做找坡层，从而可减少屋顶荷载，降低造价。结构找坡屋顶的天棚是倾斜的，所以常用于生产性建筑和有吊顶的建筑。

4. 平顶屋的排水方式有哪些？

排水方式可分为无组织排水和有组织排水两类。

（1）无组织排水　无组织排水是指屋面雨水从檐口直接落到室外地面，又称自由落水。无组织排水的檐部要挑出形成挑檐。这种做法构造简单，造价较低。屋檐高度大的建筑或雨量大的地区，屋面下落的雨水对建筑物的影响较大，因此无组织排水一般应用于雨水少的地区和层数较低的建筑物。

（2）有组织排水　当建筑物较高或降雨量较大时，应采用有组织排水的方式。有组织排水是通过檐沟或天沟将雨水汇集起来，经过雨水口和雨水管有组织地排到地面或下水系统。有组织排水又可分为外排水和内排水。

①外排水。外排水是比较常用的排水方式，既可做成四坡水也可做成两坡水。一般是通过外檐沟或女儿墙与屋面相交形成内檐沟，将屋面雨水汇集，经雨水口和室外雨水管排至地面。檐沟底面应做不小于 0.5% 的纵向坡度，以利于檐沟排水。檐沟坡度也不宜大于 1%，以避免檐沟过深，不利于排水。

②内排水。屋面过大的建筑、高层建筑等可采用内排水方式。采用内排水方式是雨水由屋面内檐沟或天沟汇集，经雨水口和室内雨水管排入下水系统。

5. 柔性防水层屋面的组成及各层作用是什么?

柔性防水是指用防水卷材与黏合剂结合在一起形成连续致密的构造层以达到防水目的。由于防水层具有一定的延伸性和适应变形(由于温度、振动、不均匀沉陷)的能力,故称柔性防水。柔性防水屋面也称卷材防水屋面。

平顶屋卷材防水屋面的结构如图 9-9 所示。

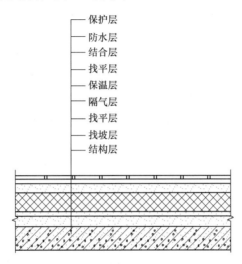

保护层
防水层
结合层
找平层
保温层
隔气层
找平层
找坡层
结构层

图 9-9　卷材防水屋面的结构示意

(1) 结构层　结构层是屋顶的受力层,它承受屋顶自重及屋面活荷载,一般用屋面板。它的结构与楼板结构层相同,可用现浇或预制的钢筋混凝土板。使用预制板时,要注意安装平整,做好板缝处理,一般用细石混凝土灌缝。

(2) 找坡层　对于采用材料找坡的屋顶需要设置找坡层,一般为轻质材料,如炉渣等。结构找坡屋面不设此层。

(3) 找平层　防水卷材要求铺贴在坚固平整的基层上,以防止卷材凹陷或断裂,因此必须在铺设卷材之前,做一个平整坚固的基层,称为找平层。找平层可以采用水泥砂浆、细石混凝土或混凝土随浇随抹,水泥砂浆找平层宜掺抗裂纤维。找平层的厚度是根据不同的基层情况确定的,基层整体性较强时,如现浇整体式混凝土结构,其找平层可以做得薄一些;如果基层平整度较差、整体性较差,如装配式结构,其找平层需做得较厚。为了防止因找平层变形开裂使防水层受到破坏,找平层应设分格缝,缝的纵横间距不宜大于 6m,缝宽为 5～20mm,并嵌填密封材料。屋面板为预制装配式结构时,分格缝应设在预制板的端缝处,一般缝上面应该覆盖一层 200～300mm 宽的卷材,用黏结剂单边点贴,使分格缝处的卷材有较大的伸缩余地,避免开裂。

(4) 隔气层　为了防止水蒸气渗透进入绝热材料,使绝热材料吸满水而失去保温作用,通常在保温层与下部基层之间设置一个构造屏障,以保证保温层能正常发挥作用,即隔气层,一般采用单层防水层或防水材料。

(5) 保温层　北方地区冬季采暖时,室内温度高于室外温度,室内热量会通过围护结构向室外散失,因此应做保温层。

保温层的材料一般选用轻质多孔材料。做法可用散粒材料摊铺,如膨胀珍珠岩、膨胀蛭石、矿渣、炉渣等；也可以铺设块状保温材料，如加气混凝土块、膨胀珍珠岩板、膨胀蛭石板等；还可以用散粒状材料与胶结材料拌和后整体现浇，如沥青蛭石、沥青珍珠岩等。

（6）结合层　在卷材与下部基层之间所做的一层胶质薄膜称为结合层，其作用是使卷材与基层黏结牢固并堵塞基层的毛孔，以减少室内潮气渗透，避免防水层出现鼓泡，破坏防水层。沥青类卷材通常用冷底子油作为结合层材料，高分子卷材则多用配套基层处理剂，也可采用冷底子油或稀释乳化沥青作为结合层材料。

（7）防水层　防水层是用一些能隔绝水的材料形成阻断水侵入的构造屏障，即在整个屋面形成一个完整的、封闭的不透水层以实现屋顶防水，这是屋顶防水的关键。

柔性防水材料本身不透水，又有一定的延展性和弹性，可以在一定范围内适应屋顶面的微小变形。它们一般是卷材，可供铺设。传统的防水卷材是沥青油毡。油毡比较便宜，但容易老化，耐气候性及耐久性都较差，而且易脆，在荷载作用下容易开裂，造成渗漏，已逐渐被其他高性能材料取代。目前，工程中所用卷材主要有两大类，一类是高聚物改性沥青类卷材，它是以合成高分子聚合物改性沥青为涂盖层，以纤维织物或纤维毡为胎体的卷材。它克服了沥青类卷材温度敏感性强、延伸率小的缺点，具有高温不流淌、低温不脆裂、抗拉强度高的特点，能够较好地适应基层开裂及伸缩变形的要求。目前，国内使用较广泛的品种有 SBS、APP、PVC 改性沥青卷材和再生橡胶改性沥青卷材，常用的施工方法为火焰枪热熔施工法。另一类是合成高分子类防水卷材，它是以合成橡胶、合成树脂或两者的混合体为基料加入适量化学助剂和填充料而制成的卷材，具有拉伸强度高、断裂伸长率大、抗撕裂强度高、耐热性能好、低温柔性强、耐老化及可以冷施工等优点，属于高档防水卷材。目前，我国使用的品种有三元乙丙橡胶、聚氯乙烯、氯化聚乙烯等防水卷材。

（8）保护层　为保护防水层不受气候、人的活动等因素的作用而老化破坏，延长防水层的使用年限，通常要在防水层上设置一层起保护作用的构造层次，即保护层。保护层材料可以采用浅色涂料、砂石颗粒、水泥砂浆、块材等。当屋面为上人屋面时，一般浇筑细石混凝土面层或铺设预制混凝土块等。

6. 刚性防水屋面的组成及其作用是什么？

刚性防水屋面是指用防水砂浆抹面或配筋的细石混凝土浇捣而成的刚性材料屋面防水层。它的主要优点是施工方便、节约材料、便于维修。但因其材料性质所决定，对温度变化、基层变形、结构变形适应性差，较易产生裂缝而出现渗漏，故刚性防水不适用日温度变化大的地区，仅适用于日温差较小的我国南方地区。刚性防水不适用设保温层的屋面，因保温层为轻质多孔材料，为防止水对保温材料的侵入，其上不宜湿作业浇筑混凝土，且松软保温材料上的基层在外力作用下易产生竖向断裂。刚性防水也不宜用于有高温、有振动以及基础有较大、不均匀沉降的建筑物。刚性防水仅用于等级较低的屋面防水，其构造如图 9-10 所示。刚性防水层有防水砂浆和细石混凝土两种做法。防水砂浆防水层是用水泥、砂子并掺入适量的防水剂拌和而成的，再通过分层均匀抹压提高砂浆的密实性和不透水性，从而达到防水的目的。防水砂浆一般采用 1∶2 水泥砂浆加入 3%～5% 的防水剂，分两次在钢筋混凝土结构层上抹光压平，厚 25mm。此做法适用于结构刚度好的基层。

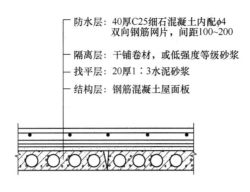

防水层：40厚C25细石混凝土内配φ4
双向钢筋网片，间距100~200
隔离层：干铺卷材，或低强度等级砂浆
找平层：20厚1:3水泥砂浆
结构层：钢筋混凝土屋面板

图 9-10　刚性防水屋面构造

细石混凝土是通过调整混凝土级配、严格控制水灰比、加强振动捣实而成的，或者在混凝土中掺入一些外加剂（如加气剂、防水剂、膨胀剂等），以提高混凝土的密实性和不透水性，从而达到防水的目的。细石混凝土防水层通常有两种做法：一种是无隔离层的做法，即在钢筋混凝土屋面板上直接浇捣 40mm 厚的细石混凝土，内可配 $\phi4 \sim \phi6$、双向 200mm×200mm 钢筋网；另一种是有隔离层的做法，使基层与防水层脱离，避免因屋面基层变形对防水层产生影响，可用砂、黏土、砂浆、废机油或水泥纸袋等做隔离层。

为减小刚性防水层因温度变化而产生变形的影响，防止开裂，应设置分仓缝，分仓缝的位置一般设在结构层的支座处，间距不宜大于 6m，缝宽 20~40mm。分仓缝内应填密封材料，构造如图 9-11 所示。

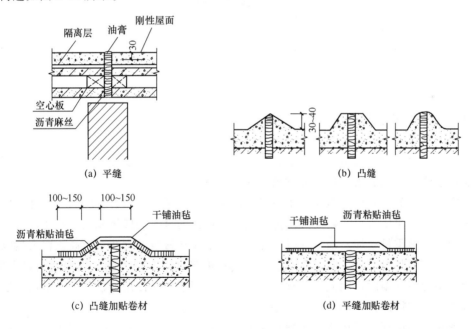

（a）平缝　　　　　　　　　　　　　　（b）凸缝

（c）凸缝加贴卷材　　　　　　　　　　（d）平缝加贴卷材

图 9-11　分仓缝构造

7. 涂膜防水屋面的组成及其作用是什么？

涂膜防水是指用可塑性和黏结力较强的高分子涂料，直接涂刷在屋面基层上，形成一层满铺的不透水薄膜层，以达到屋面防水的目的。涂料防水屋面主要适用于防水等级较低的屋面防水，防水等级高的屋面，也可在多道防水层中设一层涂料防水。

涂料防水屋面的防水材料主要有防水涂料和胎体增强材料两大类。

（1）防水涂料　防水涂料主要有水泥基涂料、合成高分子防水涂料和高聚物改性沥青防水涂料等。其防水机理为：其一是靠涂料本身或与基底表面发生化学反应生成不溶性物质来封闭基层表层的孔隙；其二是生成不透水的薄膜，附着在基底表面。因此，要求防水涂料与基底有良好的结合性，形成的涂膜坚固、耐久并且具有一定的弹性以适应屋顶面的变形。防水涂料的一大优点是可以用来填补某些细小的缝隙，可以用在某些难以铺设卷材防水材料的地方，例如管道出口等，有一些防水涂料可以附着在潮湿的表面上，不受某些施工条件限制。

（2）胎体增强材料　胎体增强材料可配合某些防水涂料来增强涂层的贴附覆盖能力和抗变形能力，主要有纤维网格布或中碱玻璃布、聚酯无纺布等。

防水涂料可以在与卷材防水屋面相同的构造层次上布施，也可以附加在刚性防水层上，以加强防水效果。图 9-12 所示为典型涂膜防水屋面的做法。

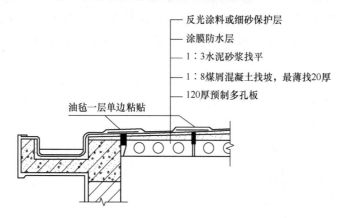

图 9-12　典型涂膜防水屋面的做法

8. 针对平顶屋降温有什么措施？

南方地区夏季室外温度高、太阳热辐射强烈，使屋面表面温度升高，热量传入室内使室温升高，因此，对屋顶要进行隔热构造处理。常用的构造做法有实体材料隔热屋顶、通风降温屋顶、反射降温屋面、蓄水屋面和种植屋面等。

（1）实体材料隔热屋顶　在屋顶中设置实体材料隔热层，利用材料的热稳定性使屋顶内表面温度比外表面温度有较大幅度的降低。热稳定性强的材料一般体积密度都比较大，所以这种做法会使屋顶重量增加。而且这种隔热措施由于隔热材料的蓄热系数高，白天吸收的太阳辐射热储存在隔热材料中，到了深夜，当室内温度降低时，白天的蓄热便会向室内散发，反而会提高室内空气温度，因此，这种隔热方式不宜用于夜间使用的建筑物。常用做法有大阶砖或混凝土板实铺屋顶、堆土屋面（图 9-13）、砾石层屋面等。

（2）通风降温屋顶　通风降温屋顶是在屋顶设置架空通风空间，一是利用通风间层使屋顶实现两次传热以减少传递至室内的热量；二是利用风压和热压对流通风的作用，不断地将通风间层中的受热空气带走，使通过屋面板传入室内的热量减少，达到隔热降温的目的。通风间层的构造方式可归纳为屋面上设置架空通风间层（图 9-14）和利用吊顶所形成的屋顶空间通风两种。

图 9-13　堆土屋面

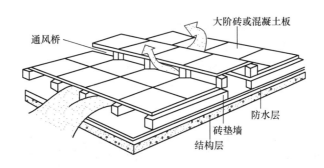

图 9-14　架空通风间层

（3）反射降温屋面　反射降温屋面（图 9-15）是利用屋面材料的质感、颜色对太阳热辐射的反射作用来降低温度的。屋面材料光滑、色彩淡，则热辐射反射率就高。因此，屋面铺设光滑材料或涂刷成白色，反射降温效果就好。将反射降温原理用于架空通风间层方法中，会起到更好的隔热效果。可在通风间层的底面加设铝箔，利用其二次反射作用提高降温效果；亦可将架空通风间层表面做成浅色光滑的面层，增强第一次反射效果，减少热量传递。

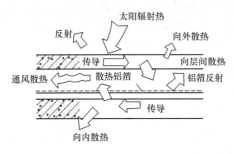

图 9-15　反射降温屋面

（4）蓄水屋面　蓄水屋面（图 9-16）是在屋顶上蓄积一定高度的水层，利用水吸收大量太阳辐射热后蒸发散热，从而减少屋顶吸收的热能，达到降温隔热的目的。不仅如此，水对太阳辐射还有一定的反射作用，而且热稳定性也较好。但这种构造做法不宜在寒冷地区、地震区和震动较大的建筑物上使用，否则容易因屋面出现裂缝而形成渗漏。

图 9-16　蓄水屋面

（5）种植屋面　种植屋面（图 9-17）又称植被屋面，是指在屋面或露台上进行绿化布置，不仅美化环境，而且可以调节空气湿度，吸收有害气体、废气，阻挡夏季过多的热辐射进入室内，减少空调负荷。据测算，种植屋面可以有效降低夏季屋面内表面的最高温度，从而减少夏季电力使用量的 5%～15%，因此这是一种可降低能耗又能形成良好的局域生态小气候的生态补偿性技术措施。

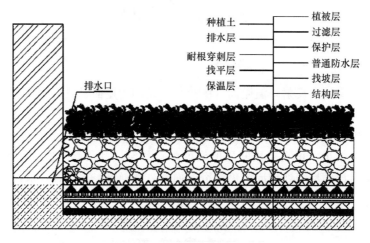

图 9-17　种植屋面

9. 如何选择防水材料？

根据当地历年最高气温、最低气温、屋面坡度和使用条件等因素选择耐热度、柔性相适应的卷材或涂膜。如在严寒和寒冷地区，应选择低温柔性好的卷材；在炎热和日照强烈的地区，应选择耐热性好的卷材或涂膜。

防水卷材是一种可卷曲的片状防水材料。根据其主要防水组成材料可分为高聚物改性沥青防水卷材和合成高分子防水卷材两大类。高聚物改性沥青防水卷材有弹性体改性沥青防水卷材（SBS 卷材）、塑性体改性沥青防水卷材（APP 卷材）和改性沥青聚乙烯胎防水卷材（PEE 卷材）等。合成高分子防水卷材有橡胶系列（聚氨酯、三元乙丙橡胶、丁基橡胶等），塑料系列（聚乙烯、聚氯乙烯等）和橡胶塑料共混系列防水卷材三类。常见的有三元乙丙橡

胶防水卷材、聚氯乙烯防水卷材、氯化聚乙烯-橡胶共混防水卷材等。

涂膜防水涂料有合成高分子类防水涂料、高聚物改性沥青防水涂料、聚合物水泥防水涂料。

三、坡屋顶构造

1. 常见坡屋顶的屋面类型有哪些？

坡屋顶的坡度一般应大于10°，通常取30°左右。它具有排水速度快、防水功能好的特点，但屋顶高度大、交叉错落、构造复杂、消耗材料较多。坡屋顶根据坡面组织的不同，主要有单坡顶、双坡顶及四坡顶等。

（1）单坡屋顶 单坡屋顶（图9-18）是一面坡屋顶，一般用于宽度较小的房屋、临街建筑或民居，雨水仅从房屋的一侧排下。

图9-18 单坡屋顶

（2）双坡屋顶 双破屋顶是由两个交接的倾斜屋面覆盖在房屋的顶部，雨水向房屋的两侧排下的坡屋顶，适用于宽度较大的房屋，其应用范围比较广。根据屋面（檐口）和山墙的处理方式的不同可分为悬山屋顶和硬山屋顶。

①悬山屋顶。悬山屋顶（图9-19）是两端屋面伸出山墙外的一种屋顶形式，挑檐具有保护墙身、利于排水等作用，是民用住宅的主要屋顶形式之一。

图9-19 悬山屋顶

②硬山屋顶。硬山屋顶（图9-20）是指两端屋面封于山墙内的屋顶形式，是民居建筑的主要屋顶形式。

图 9-20　硬山屋顶

③四坡屋顶。四坡屋顶是由四个坡面交接组成的，雨水向四个方向排下的坡屋顶，构造上较双坡屋顶更复杂，古代宫殿庙宇常用的庑殿顶和歇山顶都属于四坡屋顶。

坡屋顶的坡面组织是由房屋平面和屋顶形式所决定的，对屋顶的结构布置和排水方式均有一定的影响。坡屋顶的屋面是由一些坡度相同的倾斜面相互交接而成的，交线为水平线时称正脊；当斜面相交为凹角（阴角）所构成的倾斜交线称斜天沟；斜面相交为凸角（阳角）的交线称斜脊，如图9-21所示。

图 9-21　四坡屋顶

2. 坡屋顶有哪几部分组成？

坡屋顶是我国传统的屋顶形式，主要由屋面、结构层和顶棚等部分组成。根据使用功能的不同，有些还需设保温层、隔热层等，如图9-22所示。

（1）结构层　承受屋顶荷载并将荷载传递给墙或柱，一般有屋架或大梁、檩条、椽子等。

（2）屋面层　屋面层是屋顶上的覆盖层，直接承受风雨、冰冻和太阳辐射等大自然气候的作用，包括屋面盖料与基层。

（3）顶棚层　顶棚层是屋顶下面的遮盖部分，可使室内上部空间平整，起保温隔热、装饰和反射光线等作用。

（4）附加层　附加层是指根据使用要求而设置的保温层、隔热层、隔气层、找平层、结合层等。

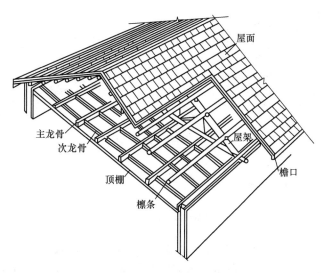

图 9-22　坡屋顶的组成结构

3. 坡屋顶的承重结构系统有哪几种？

坡屋顶的承重结构系统可分为有檩体系屋顶和无檩体系屋顶。

（1）有檩体系屋顶　有檩体系屋顶是由屋架（屋面梁）、檩条、屋面板组成的屋顶体系，如图 9-23 所示，特点是构件较小、重量轻、吊装容易；但构件数量多、施工复杂、整体刚度较差，多用于中小型厂房。檩条的类型较多，有木檩条、轻钢檩条和钢筋混凝土檩条。

檩式屋顶的承重体系主要有山墙承重、屋架承重、梁架承重。房屋开间较小的建筑，如住宅、宿舍，常采用山墙承重；在较大空间的建筑中，如食堂、礼堂、俱乐部等，多采用屋架承重。

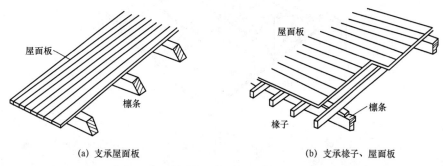

（a）支承屋面板　　　　　　（b）支承椽子、屋面板

图 9-23　有檩体系屋顶

①山墙承重。山墙常指房屋的横墙。山墙承重也称为硬山搁檩，是将山墙顶部按屋顶要求的坡度砌成三角形，在墙上直接搁置檩条，承受屋面荷载。这种结构做法简单经济，房间之间隔声、防火均好，但横墙间距较小，房间布置不灵活。一般适合多数相同开间并列的房屋，如宿舍、办公室等，如图9-24所示。

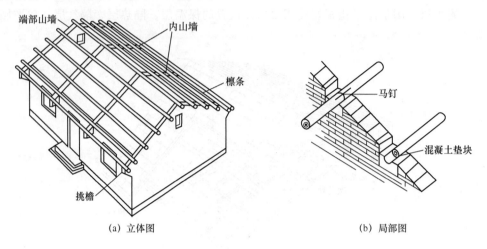

(a) 立体图　　　　　　　　　　　　(b) 局部图

图9-24　山墙承重

②屋架承重。屋架搁置在建筑物外纵墙或柱上，屋架上设置檩条和支撑，形成屋面承重体系，传递屋面荷载，如图9-25所示。屋架间距通常为3～4m，一般不超过6m。常用的屋架有三角形、梯形、矩形等形式。对于四面坡和歇山屋顶，可制成异形屋架。屋架可用木、钢木、钢筋混凝土和钢等材料制作，其高度和跨度的比值应与屋面的坡度一致，如图9-26所示。

③梁架承重。梁架承重是我国传统的结构形式，以柱和梁形成梁架，支承檩条，每隔两根或三根檩条立一柱子，并利用檩条及连系梁（枋），将整个房屋形成一个整体骨架，如图9-27所示。墙只起围护和分隔作用，不承重，因此这种结构形式有"墙倒，屋不塌"之说。

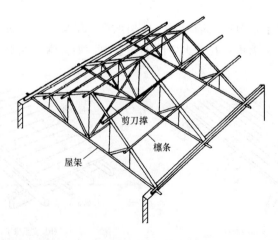

图9-25　屋架承重

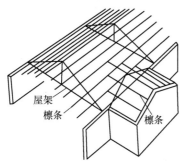

(a) 屋顶直角相交，檩条上搁檩条

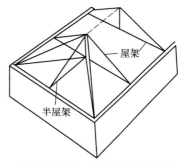

(b) 四坡顶端部，半屋架搁在梯形屋架上

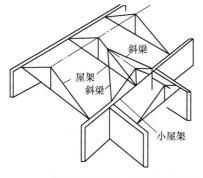

(c) 屋顶直角相交，斜梁搁在屋架上

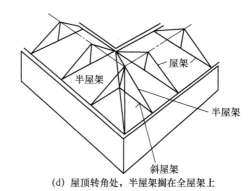

(d) 屋顶转角处，半屋架搁在全屋架上

图 9-26　屋架布置

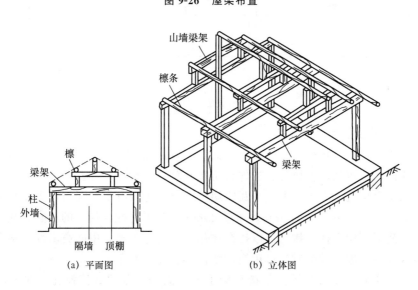

(a) 平面图　　　　　　(b) 立体图

图 9-27　梁架布置

（2）无檩体系屋顶　无檩体系屋顶是指大型屋面板直接铺设在屋架或屋面梁上弦之上的屋顶体系，如图 9-28 所示。大型屋面板的经济尺寸为 6m×1.5m，其特点是屋顶较重，构件大、数量少、刚度好、工业化程度高、安装速度快，是目前大、中型钢筋混凝土单层厂房广泛采用的屋顶形式。

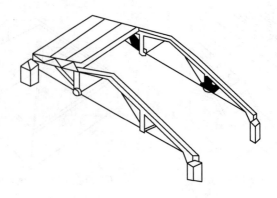

图 9-28　无檩体系屋顶

4. 坡屋顶的排水方式有哪些？

坡屋顶的排水方式也分为无组织排水和有组织排水两种，如图 9-29 所示。无组织排水一般用于降雨量较少的地区或较低的建筑物。有组织排水分为檐沟外排水和女儿墙檐沟外排水两种：檐沟外排水是在坡屋顶挑檐处挂檐沟，雨水经檐沟雨水管排至地面；女儿墙檐沟外排水是在屋顶四周设檐沟，檐沟外设女儿墙，雨水经过檐沟、女儿墙雨水口、雨水管排至地面。

为使排水顺畅，雨水口负担的排水量应均匀，屋面排水区一般按水平投影面积划分，每个雨水口负担 $100 \sim 200 \mathrm{m}^2$ 面积的坡屋面范围。

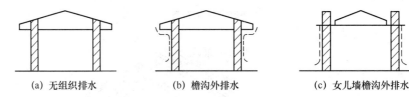

| (a) 无组织排水 | (b) 檐沟外排水 | (c) 女儿墙檐沟外排水 |

图 9-29　坡屋顶排水方式

5. 坡屋顶的屋面基本构造有哪些？

坡屋顶的屋面防水材料种类较多，有弧瓦（小青瓦）、半瓦、筒板瓦、鸳鸯瓦、波形瓦、平板瓦、石片瓦、琉璃瓦、金属瓦、构件自防水及草顶、黄土顶等。

（1）平瓦屋面构造　坡屋顶中，平瓦应用较广泛，主要有水泥瓦与黏土瓦两种，瓦的尺寸一般为长 $380 \sim 420 \mathrm{mm}$，宽 $240 \mathrm{mm}$，净厚 $20 \mathrm{mm}$。与平瓦配合使用的还有脊瓦，用于屋脊处的防水。平瓦下部设有挂瓦钩，可以挂在挂瓦条上防止下滑，中间突出部位穿有小孔，在风速大的地区或屋面坡度较陡时，可用铅丝将瓦绑扎在挂瓦条上。

（2）冷摊瓦屋面　冷摊瓦屋面是指在椽子上钉固挂瓦条后直接挂瓦，这种构造简单经济，但瓦缝容易渗漏雨雪，保温效果差，如图 9-30 所示。

（3）实铺瓦屋面　实铺瓦屋面是在檩条或椽条上铺一层 20mm 厚的木望板，在木望板上铺一层从檐口到屋脊且平行于屋脊的防水卷材，搭接长度不小于 80mm，用顺水条钉牢，在顺水条上钉挂瓦条并挂瓦。实铺瓦屋面的防水性能好，有良好的保温隔热性能，如图 9-31 所示。

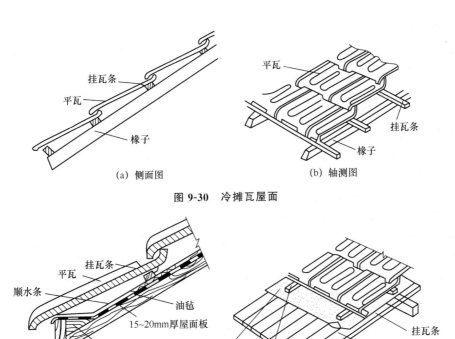

图 9-30　冷摊瓦屋面

图 9-31　实铺瓦屋面

（4）钢筋混凝土挂瓦板屋面　这种做法是将钢筋混凝土挂瓦板直接搁置在横墙或屋架上，在挂瓦板上直接挂瓦。挂瓦板是将檩条、木望板和挂瓦条等部件的功能合为一体的预制钢筋混凝土构件。挂瓦板屋面坡度不小于 1：2.5。挂瓦板两端预留小孔，套在砖墙或屋架上的预埋钢筋头上加以固定，并用 1：3 水泥砂浆填实，其构造如图 9-32 所示。

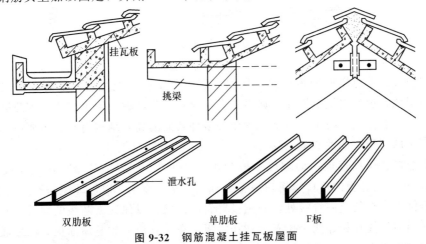

图 9-32　钢筋混凝土挂瓦板屋面

6. 彩色压型钢板屋面的结构形式有哪些？

彩色压型钢板屋面简称彩板屋面，是近年来在大跨度建筑中广泛采用的屋顶形式。它的特点是自重轻、强度高、安装方便。彩板的连接主要采用螺栓连接，不受季节气候的影响。

彩板颜色有多种，绚丽美观，质感好，由此增强了建筑的艺术效果。彩板不但可用于平直坡面的屋顶，还可在曲面屋顶上使用。根据压型钢板的功能构造的不同，彩色压型钢板可分为单层彩色压型钢板和保温夹芯彩色压型钢板。

（1）单层彩色压型钢板屋面　单层彩色压型钢板只有一层薄钢板，用它做屋顶时必须在室内一侧做保温层。单层彩板根据断面形式的不同，可分为波形板、梯形板、带肋梯形板。波形板和梯形板的力学性能不够理想，为了提高彩板的强度和刚度，在梯形板的上下翼和腹板上增加纵向凹凸槽，起加劲肋的作用，同时再增加横向肋，形成纵横向带肋梯形板。

单层彩板屋顶的安装是将彩色压型钢板直接放置于檩条上。檩条一般为槽钢、工字钢或轻钢檩条，檩条间距视屋顶板型号而定，一般为 1.5～3.0m。屋顶板的坡度大小与降雨量、板型、挤缝方式有关，一般不小于 3°。

屋顶板与檩条的连接采用不锈钢或镀锌螺钉、螺栓等紧固件，将单彩板固定在檩条上，螺钉一般在单彩板的波峰上，为防止钉孔处渗漏，钉帽应采用带橡胶垫的不锈钢垫圈。当单彩板的高度超过 35mm 时，彩板应先连接在铁架上，铁架再与檩条相连接，其构造如图 9-33 所示。

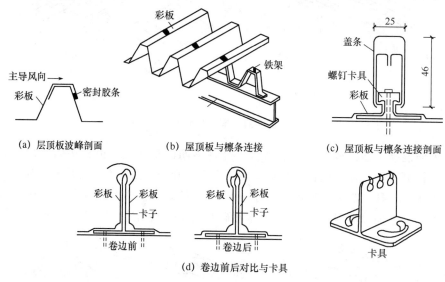

(a) 层顶板波峰剖面　　(b) 屋顶板与檩条连接　　(c) 屋顶板与檩条连接剖面

(d) 卷边前后对比与卡具

图 9-33　单层彩板屋面构造

（2）保温夹芯彩色压型钢板屋面　保温夹芯彩色压型钢板是由两层彩色涂层钢板为表层，以硬质阻燃自熄型聚氨酯泡沫（或聚乙烯泡沫等）为芯材，通过加压、加热固化制成的组合材料，是具有保温、防水、装饰、承压等多种功能的高效结构材料，主要适用于公共建筑、工业厂房的屋顶，如图 9-34 所示。

保温夹芯彩色压型钢板屋面坡度一般为 1/20～1/6，在腐蚀环境中，屋顶坡度不小于1/12。檩条与保温夹芯板的连接，每块板至少有三个支承檩条，以保证屋面不发生翘曲。

①屋脊铺设。在斜交屋脊线处，必须设置斜向檩条，以保证夹芯板的斜端头有支承。铺设时，应先沿屋脊线在相邻两个檩条上铺托脊板，在托脊板上放置屋面板，将屋面板、托脊板、檩条用螺栓固定；再向两坡屋面板沿屋脊形成的凹形空间内填塞聚氨酯泡沫条，并在两坡屋面板端头粘好聚乙烯泡沫堵头；最后用铝拉铆钉将屋脊盖板、挡水板固定，并加通长胶带，钉头用密封胶封死。顺坡连接缝和屋脊缝主要以构造防水，横坡连接缝顺水搭接，并用防水材料密封。

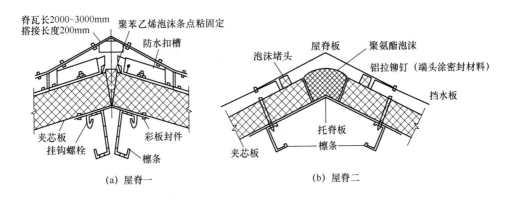

(a) 屋脊一　　　　　　　　　　(b) 屋脊二

图 9-34　保温夹芯彩色压型钢板屋顶

②檐口铺设。铺设檐口处的夹芯板，应沿夹芯板端头铺设封檐板并固定。屋面板与山墙相接处沿墙采用通长轻质聚氨酯泡沫条或现浇聚氨酯发泡密封，屋面板外侧与山墙顶部用包角板统一封包，包角板顶部向屋面一侧设 2％坡度。

7. 金属瓦屋面构造的结构形式有哪些？

金属瓦屋面是用镀锌铁皮或铝合金瓦做防水层，由檩条、木望板做基层的一种屋面。它的特点是自重轻、防水性好、耐久性好、施工方便并具有优良的装饰性，近年来广泛用于宾馆、饭店、大型商场、游艺场馆、体育场馆、车站、飞机场等建筑的屋面。

金属瓦材较薄，厚度为 1mm 左右，铺设时先在檩条上铺木望板，在木望板上干铺一层卷材作为第二道防水层，再用镀锌螺钉将金属瓦固定在木望板上。金属瓦间的拼缝通常采取相互交搭卷折成咬口缝，以避免雨水渗漏。

咬口缝可分为竖缝咬口缝（平行于屋面水流方向）和横缝平咬口缝（垂直于屋面水流方向）两种，如图 9-35 和图 9-36 所示。平咬口缝又分为单平咬口缝（屋面坡度大于 30％）和双平咬口缝（屋面坡度小于 30％）。在木望板上钉铁支脚，然后将金属瓦的边折卷固定在铁支架上，使竖缝咬口缝保持竖直，支脚和螺钉采用同一材料为佳。所有金属瓦必须相互连通导电，并与避雷针或避雷带连接，以防雷击。

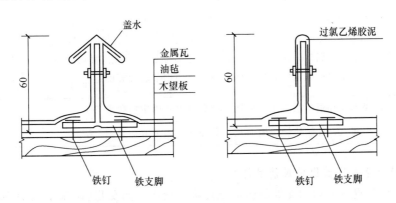

图 9-35　金属瓦屋面竖缝咬口构造

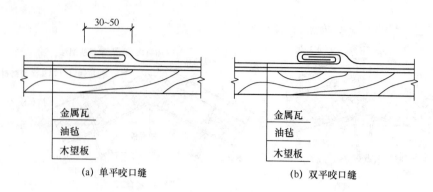

(a) 单平咬口缝　　　　　　　　　　　　(b) 双平咬口缝

图 9-36　金属瓦屋面平缝咬口构造

四、屋顶构造做法

1. 坡屋顶的构造做法是什么？

坡屋顶的构造做法见表 9-2。

表 9-2　坡屋顶的构造做法

工艺流程	构造做法
结构板	按设计要求浇筑屋面板
找平层	用 1∶3 水泥砂浆找平；砂浆找平前必须把屋面所有洞口封堵完毕，并保证封堵密实；必须在所有出屋面的管道、排气道、墙体等与屋面相交的阴角处用水泥砂浆抹成半径不小于 100mm 的圆角
防水层	防水层采用不小于 2mm 厚的聚氨酯防水涂膜；女儿墙根部、出屋面管道、排气道、雨水口等阴角部位须增加防水附加层；防水附加层材料及做法与防水层相同，防水附加层应从阴角开始上翻和水平延伸各不小于 250mm；用聚氨酯涂刷预留钢筋与屋面板相接处及其周围，保证该处不发生渗漏。防水层施工完毕应进行坡屋面淋水试验
保温层、顺水条	防水层表面干燥后，安装防腐木顺水条并用水泥钉固定于找平层上，水泥钉间距不大于 600mm。顺水条间距不得大于 500mm，高度应与保温层相同，或略高于保温层面。在木顺水条间铺设保温板，保温层与顺水条应结合紧密；铺设保温层时应做好对防水层的保护，不得对防水层造成任何破坏；保温板厚度根据节能计算确定
挂瓦条	防腐木挂瓦条应根据屋面瓦规格及布排方式固定在顺水条上
屋面瓦	根据建筑设计做法铺设屋面瓦，屋面瓦必须采取加强固定措施

2. 什么是泛水？它的构造做法是什么？

屋面防水层与垂直墙面相交处的构造处理称为泛水。如女儿墙、高出屋面的楼梯间、烟囱等与屋面相交部位，都应该做泛水，以避免渗漏。泛水处水平找平层与垂直部分的交接处，须用水泥砂浆做成圆弧或钝角，防止卷材因直角转折而发生断裂或不能铺实，并增铺一层防水附加层，然后将防水层连续铺贴到垂直面上，卷材在垂直面上的粘贴高度一般不小于

250mm，卷材在垂直面上的收头处要做好防水处理。具体方式如图 9-37 所示。

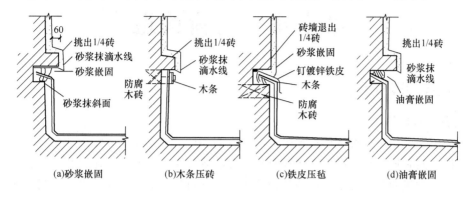

图 9-37 泛水构造示意

第十章 门窗构造

一、门窗构造简述

1. 门窗的功能是什么?

首先,门和窗是建筑物围护系统中不可缺少的构件。门主要是为室内外和房间之间的交通联系而设,同时还起到通风、采光以及空间分隔等作用;窗的主要作用是采光、通风以及眺望。其次,建筑的门窗也是建筑外装饰的要素,其材料、形状、尺寸以及排列方式等对建筑立面造型起着重要的作用,建筑外门、窗台的高度相对较为固定,因此往往被人们习惯地作为建筑物尺度的衡量标准。

需要注意的是,门和窗不是承重构件,是墙体开洞后设置的,墙体原有的功能中,承载功能由洞口周围的墙体、过梁,框架的柱和梁等承重构件承担,而围护功能则由门和窗自身承担。

2. 门和窗按开关方式如何分类?

(1) 按门的开关方式分

①转门。由两个固定的弧形门套和垂直旋转的门扇构成。门扇可分为三扇或四扇,绕竖轴旋转,如图 10-1 所示。

②推拉门。推拉门是门扇通过上下轨道,左右推拉滑行进行开关,如图 10-2 所示。

③平开门。平开门是水平开启的门,它的铰链装于门扇的一侧与门框相连,使门扇围绕铰链轴转动。门扇有内开和外开之分,如图 10-3 所示。

④弹簧门。弹簧门的开启方式与普通平开门相同,所不同的是弹簧铰链代替了普通铰链,借助弹簧的力量使门扇能向内、向外开启并经常保持关闭,如图 10-4 所示。

图 10-1　转门

图 10-2　推拉门

图 10-3　平开门

图 10-4　弹簧门

⑤折叠门。折叠门可分为侧挂式和推拉式两种。由多扇门构成，每扇门宽度为 500～ 1000mm，一般以 600mm 为宜，适用于宽度较大的洞口，如图 10-5 所示。

图 10-5　折叠门

⑥卷帘门。多用于商店橱窗或商店出入口外侧的封闭门，如图 10-6 所示。

图 10-6　卷帘门

⑦上翻门。上翻门的特点是充分利用上部空间，门扇不占用面积，五金及安装要求高。它适用于不经常开关的门，如车库大门等，如图 10-7 所示。

图 10-7　上翻门

⑧自动门。用各种信号控制，自动开门的门，如图10-8所示。

图10-8　自动门

（2）按照窗的开关方式分

①平开窗。铰链安装在窗扇一侧与窗框相连，向外或向内水平开启，有单扇、双扇、多扇，以及向内开与向外开之分。平开窗构造简单，开启灵活，制作、安装、使用及维修方便，是民用建筑中应用最为广泛的开窗方式，如图10-9所示。

②固定窗。无窗扇、不能开启的窗为固定窗，仅仅用于采光和眺望，无通风功能。固定窗的优点是构造简单、密闭性好，常与门亮子和开启窗配合使用，如图10-10所示。

图10-9　平开窗

图10-10　固定窗

③推拉窗。推拉窗的特点是窗扇沿着水平或竖直方向以推拉的方式启闭。垂直推拉窗要有滑轮及平衡措施；水平推拉窗需要在窗扇上下设轨槽，推拉窗开启时不占室内外空间，窗扇和玻璃的尺寸可以较大一些，但它不能全部开启，使通风效果受到影响，同时推拉窗密闭

性能较平开窗差。铝合金窗和塑钢窗常选用推拉方式，如图 10-11 所示。

④立转窗。立转窗的窗扇围绕竖向转轴开闭，引导风进入室内的效果较好，多用于单层厂房的低侧窗。但立转窗的防雨性、密闭性较差，不宜用于寒冷和多风沙的地区，如图 10-12 所示。

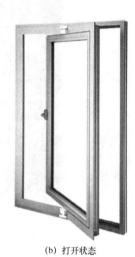

(a) 闭合状态　　　　　　(b) 打开状态

图 10-11　推拉窗　　　　　　　　　　图 10-12　立转窗

⑤悬窗。悬窗的特点是窗扇围绕横向转轴开闭，按开闭时转动横轴位置的不同，可分为上悬窗、中悬窗和下悬窗，如图 10-13 所示。

(a) 上悬窗　　　　　　(b) 中悬窗　　　　　　(c) 下悬窗

图 10-13　悬窗

3. 门按材料如何分类？

按门的材料可以分为以下几类：木门、钢门、铝合金门、塑钢门、塑料门、玻璃钢门。

4. 确定门和窗的尺寸应考虑哪些因素？

(1) 门的尺寸　门的尺寸通常是指门洞的高宽尺寸。确定门的尺寸时，应综合考虑以下几方面因素。

①使用功能要求。应考虑人体的尺度、人流量以及搬运家具、设备所需高度尺寸等要

求，以及满足其他特殊需要。例如，门厅前的大门往往由于美观及造型需要，常常要加高、加宽门的尺度。

②符合门洞口尺寸系列。与窗的尺寸一样，在确定门的尺寸时，应遵守国家标准《建筑门窗洞口尺寸系列》（GB/T 5824—2008）。门洞口宽和高的标志尺寸规定为 600mm、700mm、800mm、900mm、1000mm、1200mm、1400mm、1500mm、1800mm 等，其中部分宽度不符合 3M 规定，而是根据门的实际需要确定的，具体见表 10-1。一般房间门的洞口宽度最小为 900mm，厨房、厕所等辅助房间门洞的宽度最小为 700mm。门洞口高度除卫生间、厕所可为 1800mm 以外，均应不小于 2000mm。如门设有亮子，门洞高度一般为 2400～3000mm。公共建筑大门高度可视需要适当增加。门洞口高度大于 2400mm 时，应设上亮窗。门洞较窄时可开一扇，单扇门为 700～1000mm；1200～1800mm 的门洞，应开双扇；大于 2000mm 时，则应开三扇或多扇。

表 10-1　住宅建筑门洞最小尺寸

类别	洞口宽度/m	洞口高度/m
公用外门	1.2	2.0
户（套）门	0.9	2.0
起居室门	0.9	2.0
卧室门	0.9	2.0
卫生间门	0.7	2.0
阳台门	0.7	2.0
厨房门	0.8	2.0

（2）窗的尺寸　在确定窗的尺寸时，应综合考虑以下几方面因素。

①采光。从采光要求来看，窗的面积与房间面积有一定的比例关系。

②使用。窗的自身尺寸以及窗台高度取决于人的行为和尺度。

③符合窗洞口尺寸系列要求。为了使窗的设计与建筑设计、工业化和商业化生产以及施工安装相协调，国家颁布了《建筑门窗洞口尺寸系列》（GB/T 5824—2008）标准。窗洞口的高度和宽度（指标志尺寸）规定为 3M 的倍数。但考虑到某些建筑，如住宅建筑的层高不大，以 3M 作为窗洞高度的模数，尺寸变化过大，所以增加 1400mm、1600mm 作为窗洞高的辅助尺寸。

④结构。窗的高宽尺寸受到层高、承重体系以及窗过梁高度的制约。

⑤美观。窗是建筑物造型的重要组成部分，窗的尺寸和比例关系对建筑立面影响极大。

二、木门窗构造

1. 常用的木门门扇类型有哪些？

常用的木门门扇有镶板门、夹板门等。

（1）镶板门　门扇由边梃、上冒头、中冒头和下冒头组成骨架，内装门芯板构成，如

图 10-14 所示。它的构造简单，加工制作方便，适用于一般民用建筑做内门和外门。

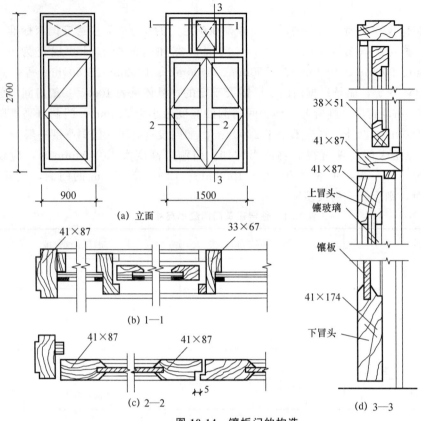

(a) 立面

(b) 1—1

(c) 2—2

(d) 3—3

图 10-14　镶板门的构造

门扇的边梃与上、中冒头的断面尺寸一般相同，厚度为 40～45mm，宽度为 100～120mm。为了减少门扇的变形，下冒头的宽度一般加大至 160～250mm，并与边梃采用双榫结合。

门芯板一般采用 10～12mm 厚的木板拼成，也可采用胶合板、硬质纤维板、塑料板、玻璃和塑料纱等。当采用玻璃时，即为玻璃门，可以是半玻门或全玻门。若门芯板换成塑料纱（或铁纱），即为纱门。

（2）夹板门　夹板门是用断面较小的方木做成骨架，两面粘贴面板制作而成的，如图 10-15 所示。门扇面板可选择胶合板、塑料面板和硬质纤维板，面板不再是骨架的负担，而是与骨架形成一个整体，共同抵抗变形。夹板门的形式可以是全夹板门、带玻璃或带百叶夹板门。

夹板门的骨架一般用厚约 30mm、宽 30～60mm 的木料做边框，中间的肋条则选用厚约 30mm、宽 10～25mm 的木条，可以采用单向排列、双向排列或密肋形式，间距一般为 200～400mm，安装门锁处需另加上锁木。为使门扇内通风干燥，避免因内外温度差、湿度差产生变形，在骨架上需设通气孔。为节约木材，也可用蜂窝形浸塑纸来代替肋条。

2. 木窗由几部分组成？

木窗主要由窗框、窗扇、五金件及附加件组成，窗五金零件有铰链、风钩、插销等，附加件有贴脸板、筒子板、木压条等，如图 10-16 所示。

3. 窗框和窗扇由哪几部分组成？

（1）窗框　最简单的窗框由边框及上下框所组成。当窗的尺度较大时，应增加中横框或

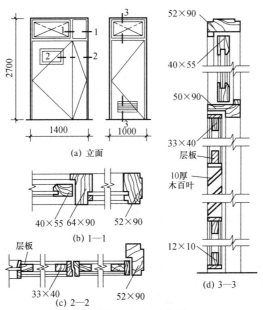

图 10-15　夹板门构造

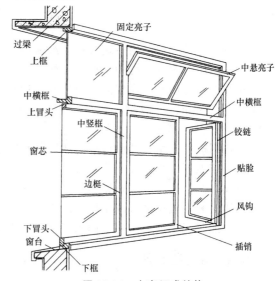

中竖框。通常在垂直方向有两个以上窗扇时应增加中横框；在水平方向有三个以上窗扇时，应增加中竖框。

①窗框的断面形式。确定窗框断面尺寸时，应考虑接榫牢固，一般单层窗的窗框断面厚 40～60mm、宽 70～95mm（净尺寸），中横框和中竖框因两面有裁口，并且横框常设有披水（披水是为防止雨水流入室内而设），断面尺寸应相应增大。双层窗窗框的断面宽度应比单层窗宽 20～30mm。

窗框与门框一样，在构造上应有裁口及背槽处理，裁口也有单裁口与双裁口之分，如图 10-17 所示。

图 10-16　木窗组成结构

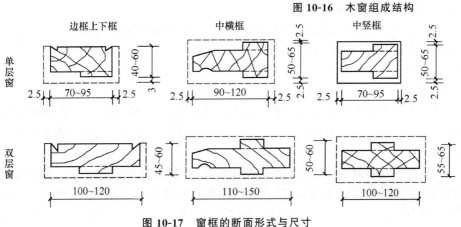

图 10-17　窗框的断面形式与尺寸

②窗框的安装。窗框的安装与门框一样，分塞口与立口两种。采用塞口时洞口的高、宽尺寸应比窗框尺寸大 10～20mm。

③窗框与墙体的相对位置。窗框在窗洞口中，与墙的位置关系一般是与内表面平齐，安装时窗框应突出砖面 20mm，以便墙面粉刷后与抹灰面齐平。框与抹灰面交接处，应用贴脸板搭盖，以阻止由于抹灰干缩形成缝隙后风透入室内，同时可增加美观度。贴脸板的形状及尺寸与门的贴脸板相同。

当窗框立于墙中时，应内设窗台板，外设窗台。窗框外平时，靠室内一面设窗台板。窗台板可用木板，也可用预制水磨石板，如图 10-18 所示。

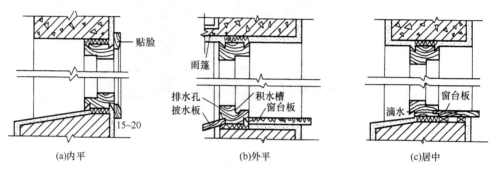

图 10-18　木窗框在墙洞中的位置及窗框与墙缝的处理

（2）窗扇　常见的窗扇有玻璃扇、纱窗扇、百叶扇等。窗扇是由上下冒头和边梃榫接而成的，有的还用窗芯（又称为窗棂）分格。

①断面形式与尺寸。窗扇的上下冒头、边梃和窗芯均设有裁口，以便安装玻璃或窗纱。裁口深度约 10mm，一般设在外侧。用于玻璃窗的边梃及上冒头，断面厚×宽为（35～40）mm×（50～60）mm；下冒头由于要承受窗扇重量，可适当加大。

②建筑用玻璃。按其性能可分为普通平板玻璃、磨砂玻璃、压花玻璃、中空玻璃、钢化玻璃、夹层玻璃等。平板玻璃价格最便宜，在民用建筑中大量使用；磨砂玻璃或压花玻璃可以遮挡视线；其他几种玻璃，则多用于有特殊要求的建筑中。

玻璃的安装一般用油灰或木压条嵌固。为使玻璃牢固地装于窗扇上，应先用小钉将玻璃卡住，再用油灰嵌固。对于不受雨水侵蚀的窗扇玻璃嵌固，也可用木压条镶嵌。

三、门窗构造做法

1. 如何对窗樘与墙缝进行处理？

窗框又称窗樘，是墙与窗扇之间的连接构件，为使墙面粉刷能与窗框嵌牢，常在窗框靠墙一侧内外二角做灰口，如图 10-19（a）、（b）所示。窗框与墙面内平者需做贴脸，窗框小于墙厚者可做筒子板，贴脸和筒子板要注意开槽防止变形，如图 10-19（c）、（d）所示。

2. 门框的连接方式是什么？

门框是门扇、亮子与墙的连接构件。门框又称门樘，一般由两根竖直的边框和上框组成。当门带有亮子时，还设有中横框，多扇门则还需设有中竖框。有时视需要可设下框、贴脸板等附件。

（1）门框的断面形状和尺寸　门框的断面形状与门的类型和层数有关，同时要利于安装和满足使用要求如密闭等，如图 10-20 所示。门框的断面尺寸主要考虑接榫牢固，还要考虑制作时刨光损耗。门框的尺寸：双裁口的木门框（门框上安装两层门扇时）的厚度和宽度为

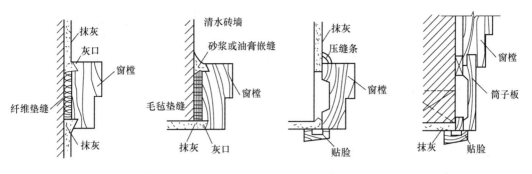

| (a) 窗樘做灰口抹灰 | (b) 灰口用砂浆或油膏嵌缝 | (c) 灰缝做贴脸和压缝条 | (d) 墙面做筒子板和贴脸 |

图 10-19 窗樘与墙缝处理

$60\sim70$mm 和 $130\sim150$mm；单裁口的木门框（只安装一层门扇时）为 $50\sim70$mm 和 $100\sim120$mm。

为便于门扇密闭，门框上要有裁口（或铲口）。根据门扇数与开启方式的不同，裁口的形式和尺寸分为单裁口与双裁口两种。单裁口用于单层门，双裁口用于双层门或弹簧门，裁口宽度要比门扇宽度大 $1\sim2$mm，以利于安装和门扇开启。裁口深度一般为 $8\sim10$mm。

由于门框靠墙一面易受潮变形，则常在该面开 $1\sim2$ 道背槽，以免产生翘曲变形，同时也利于门框的嵌固。背槽的形状可为矩形或三角形，深度为 $8\sim10$mm，宽为 $12\sim20$mm。

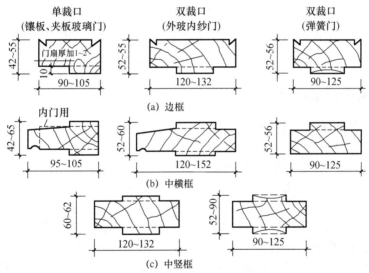

图 10-20 门框的断面形状和尺寸

（2）门框与墙体的连接构造 门框与墙体的连接构造，分立口和塞口两种。

塞口（又称塞樘子），是指在墙砌好后再安装门框的连接构造。采用此法，洞口的宽度应比门框大 $20\sim30$mm，高度比门框大 $10\sim20$mm。门洞两侧砖墙上每隔 $500\sim600$mm 预埋木砖或预留缺口，以便用圆钉或水泥砂浆将门框固定。门框与墙间的缝隙需用沥青麻丝嵌填，如图 10-21 所示。

（3）门框与墙的相对位置 门框在墙洞中的位置，有门框内平、门框居墙中和门框外平三种情况。一般情况下，多做在开门方向一边，与抹灰面平齐，使门的开启角度较大。对于较大尺寸的门，为确保安装牢固，多居中设置。为防止受潮变形，在门框与墙的缝隙处开背

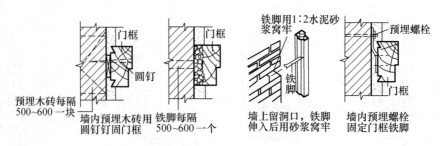

图 10-21　塞口门框在墙上的安装

槽，并做防潮处理，门框外侧的内外角做灰口，缝内填弹性密封材料。表面做贴脸板和木压条盖缝，贴脸板一般为 15～20mm 厚、30～75mm 宽。木压条厚与宽为 10～15mm。对于装修标准高的建筑，还可在门洞两侧和上方设筒子板。门框与墙的相对位置如图 10-22 所示。

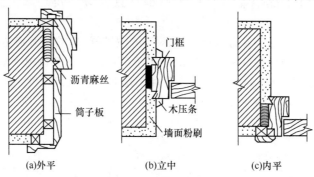

图 10-22　门框与墙的相对位置

四、其他类型门窗简介

1. 什么是铝合金门窗？如何安装？

（1）铝合金门窗料型　铝合金门窗料型是以铝合金门窗框的厚度构造尺寸来区别各种铝合金门窗的称谓，如平开门门框厚度构造尺寸为 50mm 宽，即称为 50 系列铝合金平开门，如推拉窗窗框厚度构造尺寸为 90mm 宽，即称为 90 系列铝合金推拉窗等。在实际工程中，通常根据不同地区、不同性质的建筑物的使用要求选用相应的门窗框。

（2）铝合金门窗的安装　铝合金门窗是表面处理过的铝材经下料、打孔、铣槽、攻螺纹等加工，制作成门窗框料的构件，然后与连接件、密封件、开闭五金件一起组合装配成门窗。门窗安装时，将门、窗框在抹灰前立于门窗洞处，与墙内预埋件对正，然后用木楔将三边固定。经检验确定门、窗框水平、垂直、无翘曲后，用连接件将铝合金框固定在墙（柱、梁）上，连接件固定可采用焊接、膨胀螺栓或射钉等方法。

门窗框固定好后与门窗洞四周的缝隙一般采用软质保温材料填塞，如泡沫塑料条、泡沫聚氨酯条、矿棉毡条和玻璃丝毡条等，分层填实，外表留 5～8mm 深的槽口用密封膏密封，如图 10-23 所示。这种做法主要是为了防止门、窗框四周形成冷热交换区而产生结露，影响防寒、防风的正常功能和墙体的寿命，并影响建筑物的隔声、保温等功能。同时，还可避免门窗框直接与混凝土、水泥砂浆接触，消除碱对门窗框的腐蚀。

2. 什么是塑钢门窗？它有什么特点？

塑钢门窗是以改性硬质聚氯乙烯（简称 UPVC）为主要原料，加上一定比例的稳定剂、着色剂、填充剂、紫外线吸收剂等辅助剂，经挤出机挤出成型为各种断面的中空异型材，经切割后，在其内腔衬以型钢加强筋，用热熔焊接机焊接成型为门窗框扇，配装橡胶密封条、压条、五金件等附件而制成的门窗。它具有如下优点。

①强度好，耐冲击。

②保温隔热，节约能源。

③隔音好。

④气密性、水密性好。

⑤耐腐蚀性强。

⑥防火。

⑦耐老化，使用寿命长。

⑧外观精美，清洗容易。

⑨塑钢门窗的异型材是中空的，各接缝紧密且装有弹性密缝。常用的塑钢门有平开门、弹簧门、推拉门等。常用的塑钢窗有固定窗、平开窗、推拉窗和上悬窗。图 10-24 所示为塑钢推拉窗构造。

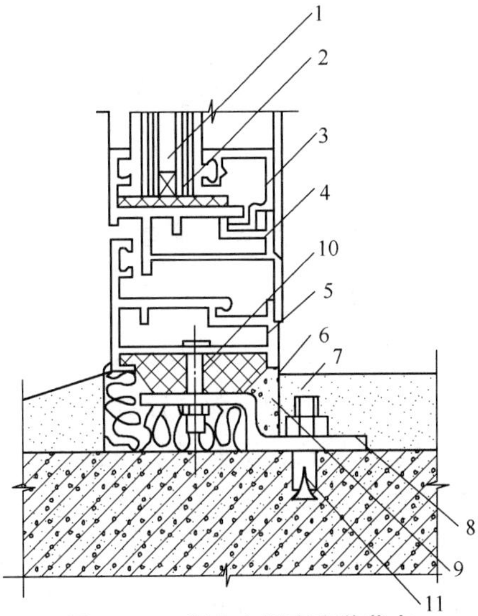

图 10-23　铝合金门窗安装节点

1—玻璃；2—橡胶条；3—压条；4—内扇；
5—外框；6—密封膏；7—砂浆；8—地脚；
9—软填料；10—塑料垫；11—膨胀螺栓

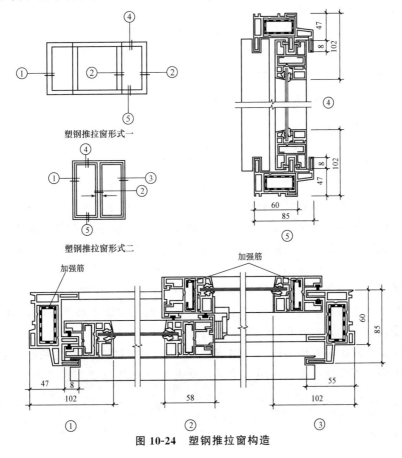

塑钢推拉窗形式一

塑钢推拉窗形式二

加强筋

加强筋

图 10-24　塑钢推拉窗构造

第十一章　变形缝构造

一、变形缝概念与类型

1. 什么是变形缝？

变形缝是伸缩缝、沉降缝和防震缝的总称。建筑物在外界因素作用下常会产生变形，导致开裂甚至破坏。变形缝是针对这种情况而预留的构造缝。

当建筑物较长、平面形状曲折变化较大或同一建筑物不同部分的高度或荷载差异较大时，建筑构件内部会因气温变化、地基的不均匀沉降或地震等原因产生附加应力。当这种应力较大而又处理不当时，会导致建筑构件产生变形，导致建筑物出现裂缝甚至破坏，影响正常使用安全。为了预防和避免这种情况发生，一般可以采取两种措施：加强建筑物的整体性，使之具有足够的强度和刚度来克服这些附加应力和变形；或在设计和施工中预先在这些变形敏感部位将建筑构件垂直断开，留出一定的缝隙，将建筑物分成若干独立的部分，形成能自由变形而互不影响的刚度单元，同时使各段之间的缝隙达到一定的宽度，以适应变形的需要。这种将建筑物垂直分开的预留缝隙称为变形缝。

2. 变形缝有哪几种类型？

变形缝按其作用的不同，分为伸缩缝（温度缝）、沉降缝、防震缝三种。

建筑中的变形缝应依据工程实际情况设置，并需符合设计规范规定，其采用的构造处理方法和材料应根据其部位和需要分别达到盖缝、防水、防火、保温等方面的要求，并确保缝两侧的建筑构件能自由变形而不受阻碍、不被破坏。

二、变形缝的设置条件

1. 在什么情况下需要设置伸缩缝？宽度是多少？

（1）伸缩缝的设置原则　建筑物因受到温度变化的影响而产生热胀冷缩，使结构构件内部产生附加应力而变形，当建筑物较长时为避免建筑物因热胀冷缩较大而使结构构件产生裂缝，建筑中需设置伸缩缝（又称温度缝或温度伸缩缝）。建筑中需设置伸缩缝的情况主要有三类：一是建筑物长度超过一定限度；二是建筑平面复杂，变化较多；三是建筑中结构类型变化较大。

设置伸缩缝时，通常是沿建筑物长度方向每隔一定距离或结构变化较大处在垂直方向预留缝隙，将基础以上的建筑构件全部断开，分为各自独立的能在水平方向自由伸缩的部分。基础部分因受温度变化影响较小，一般不需断开。

伸缩缝的最大间距应根据不同材料和结构来确定，并根据建筑物的长度、结构类型和屋盖刚度以及屋面是否设保温或隔热层来考虑，见表 11-1、表 11-2。

表 11-1 砌体房屋伸缩缝的最大间距

砌体类别	屋顶或楼板层的类别		间距/m
各种砌体	整体式或装配整体式钢筋混凝土结构	有保温层或隔热层的屋顶、楼板层	50
		无保温层或隔热层的屋顶	40
	装配式无檩体系钢筋混凝土结构	有保温层或隔热层的屋顶、楼板层	60
		无保温层或隔热层的屋顶	50
	装配式无檩体系钢筋混凝土结构	有保温层或隔热层的屋顶、楼板层	75
		无保温层或隔热层的屋顶	60
普通黏土	黏土瓦或石棉水泥瓦屋面 木屋顶或楼板层 砖石屋顶或楼板层		100
石砌体			80
硅酸盐、硅酸盐砌块和混凝土砌块砌体			80

表 11-2 钢筋混凝土结构伸缩缝最大间距

结构类型		室内或土中/m	露天/m
排架结构	装配式	100	70
框架结构	装配式	75	50
	现浇式	65	35
剪力墙结构	装配式	65	40
	现浇式	45	30
挡土墙及地下墙壁等结构	装配式	40	30
	现浇式	30	20

（2）伸缩缝的构造要求

①基础可不断开。

②从基础顶面至屋顶沿结构断开。

（3）伸缩缝的宽度 伸缩缝的缝宽一般为 20～30mm。

2. 在什么情况下需要设置沉降缝？如何决定宽度？

（1）沉降缝的设置原则 沉降缝是为了预防建筑物各部分由于地基承载力不同或各部分荷载差异较大等原因引起建筑物不均匀沉降、导致建筑物破坏而设置的变形缝。凡属于下列情况的，均应考虑设置沉降缝。

①当建筑物建造在不同的地基上，并难以保证均匀沉降时。

②当同一建筑物相邻部分的基础形式、宽度和埋置深度相差较大，易形成不均匀沉降时。

③当同一建筑物相邻部分的层数相差两层以上或高度相差较大超过 10m 时。

④当建筑物相邻部位荷载相差悬殊或结构形式变化较大等易导致不均匀沉降时。

⑤当平面形状比较复杂，各部分的连接部位又比较薄弱时。

⑥原有建筑物和新建、扩建的建筑物之间。

沉降缝把建筑物分成若干个整体刚度较好、自成沉降体系的结构单元，以适应不均匀沉降。

（2）沉降缝的构造要求　设置沉降缝时，必须将建筑的基础、墙体、楼层及屋顶等部分全部在垂直方向断开，使各部分形成能各自自由沉降的独立的刚度单元。基础必须断开是沉降缝不同于伸缩缝的主要特征。

（3）沉降缝的宽度　沉降缝的宽度应根据地基情况、建筑物高度来设置，如表 11-3 所示。

表 11-3　沉降缝宽度

地基情况	建筑物高度	沉降缝宽度/mm
一般地基	$H<5m$	30
	$H=5\sim10m$	50
	$H=10\sim15m$	70
软弱地基	2～3 层	50～80
	4～5 层	80～120
	5 层以上	>120
湿陷性黄土地基		≥30～70

3. 在什么情况下需要设置防震缝？设置防震缝的依据是什么？

（1）防震缝的设置原则　强烈地震对地面建筑物和构筑物的影响或损坏是极大的，因此在地震区建造房屋必须充分考虑地震对建筑物所造成的影响。针对地震时容易产生应力集中而引起建筑物结构断裂、发生破坏的部位而设置的缝称为防震缝。在地震设防烈度为 7～9 度的地区，有下列情况之一时需设防震缝：

①毗邻建筑物立面高差大于 6m；

②建筑物有错层，且错层的两部分楼板高差较大；

③建筑物毗邻部分结构的刚度、质量截然不同。

（2）防震缝的构造要求

①基础以上断开，基础可不断开；

②缝的两侧设置墙体或双柱或一柱一墙，使各部分封闭并具有较好的刚度；

③防震缝应同伸缩缝和沉降缝协调布置，做到一缝多用。

（3）防震缝的宽度　在多层砖混结构建筑中，防震缝宽 50～70mm。在多层和高层钢筋混凝土结构中，其最小宽度应符合下列要求。

①当高度不超过 15m 时，可采用 70mm 的宽度。

②当高度超过 15m 时，按不同设防烈度增加缝宽：

a. 6 度地区，建筑每增加 5m，缝宽增加 20mm；

b. 7 度地区，建筑每增加 4m，缝宽增加 20mm；

c. 8 度地区，建筑每增加 3m，缝宽增加 20mm；

d. 9 度地区，建筑每增加 2m，缝宽增加 20mm；

e. 框架-剪力墙结构取上述值的 50%，且均不宜小于 70mm，当防震缝两侧结构类型不同时，宜按较大一侧确定缝宽。

4. 墙体中的变形缝的截面形式有哪几种？

墙体变形缝的截面形式有平缝、错口缝和企口缝，如图 11-1 所示。

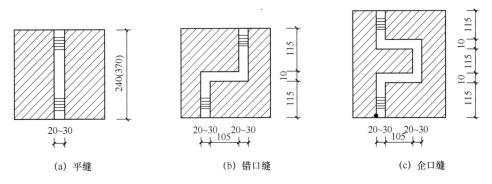

图 11-1　墙体变形缝的截面形式

三、变形缝构造形式

1. 墙体变形缝的内外表面处理有哪几种方式？

（1）外表面处理　墙体变形缝的外表面盖缝处理如图 11-2 所示。

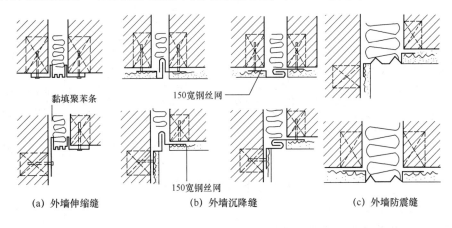

图 11-2　外墙变形缝节点

（2）内表面处理　墙体变形缝的内表面盖缝处理如图 11-3 所示。

2. 楼地层的构造形式是什么？

楼地层变形缝的位置和宽度应与墙体变形缝一致。它的构造特点为方便行走、防火和防止灰尘下落，卫生间等有水环境还应考虑防水处理。

楼地层的变形缝内常填塞具有弹性的油膏、沥青麻丝、金属或橡胶塑料类调节片。上铺与地面材料相同的活动盖板、金属板或橡胶片等，如图 11-4 所示。

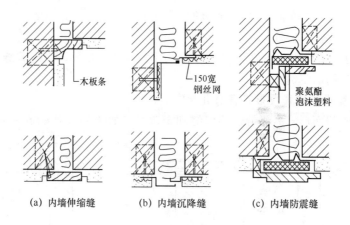

(a) 内墙伸缩缝   (b) 内墙沉降缝   (c) 内墙防震缝

图 11-3 内墙变形缝节点

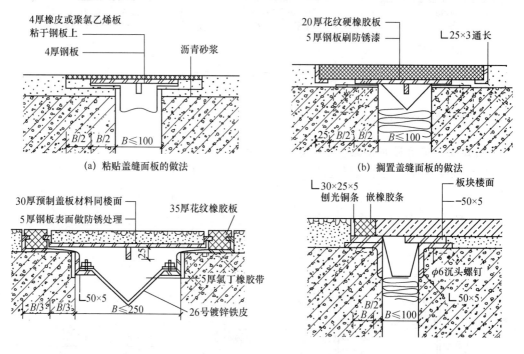

图 11-4 楼地层变形缝节点

B—变形缝宽度

3. 屋顶变形缝的结构形式是什么?

屋顶变形缝在构造上主要解决防水、保温等问题,一般设于建筑物的高低错落处。

不上人屋顶通常在缝的两侧加砌矮墙,高出屋面 250mm 以上,再按屋面泛水构造将防水层做到矮墙上,缝口用镀锌铁皮、铝板或混凝土板覆盖。盖板的形式和构造应满足两侧结构自由变形的要求。寒冷地区为了加强变形缝处的保温,缝中填沥青麻丝、岩棉、泡沫塑料等保温材料。上人屋面一般不设矮墙,但应做好防水,避免渗漏。屋面变形缝构造如图 11-5所示。

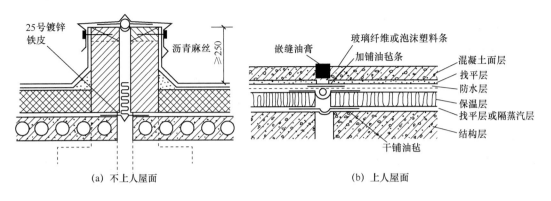

图 11-5　变形缝构造

4. 基础沉降缝的构造是什么？

基础沉降缝的构造处理方案有双墙式、挑梁式和交叉式三种，如图 11-6 所示。

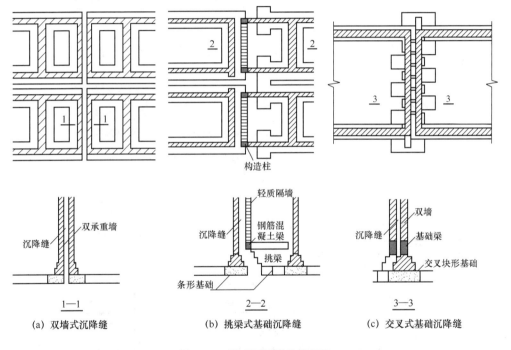

图 11-6　基础沉降缝处理示意

双墙式处理方案施工简单、造价低，但易出现两墙之间间距较大或基础偏心受压的情况，因此常用于基础荷载较小的房屋。

挑梁式处理方案是将沉降缝一侧的墙和基础按一般构造做法处理，而另一侧则采用挑梁支承基础梁、基础梁上支承轻质墙的做法。

交叉式处理方案是将沉降缝两侧的基础均做成墙下独立基础，交叉设置，在各自的基础上设置基础梁以支承墙体。这种做法受力明确、效果较好，但施工难度大，造价也较高。

四、变形缝构造做法

1. 外墙与内墙变形缝的构造做法是什么?

外墙体变形缝构造特点是保温、防水和立面美观。根据缝宽的大小，缝内一般应填塞具有防水、保温和防腐性的弹性材料，如沥青麻丝、橡胶条、聚苯板、油膏等。

变形缝外侧常用耐气候性好的镀锌铁皮、铝板等覆盖。但应注意金属盖板的构造处理，要分别适应伸缩、沉降或震动摇摆的变形需要，如图 11-7 所示，内墙变形缝的构造主要应考虑室内环境的装饰协调，有的还要考虑隔声、防火。一般采用具有一定装饰效果的木条遮盖，也可采用金属板盖缝，但都要注意能适应不同的变形要求，如图 11-8 所示。

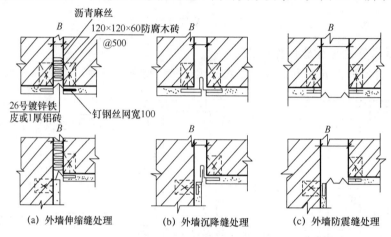

沥青麻丝
B
120×120×60防腐木砖
@500
26号镀锌铁
皮或1厚铝砖
钉钢丝网宽100
(a) 外墙伸缩缝处理
(b) 外墙沉降缝处理
(c) 外墙防震缝处理

图 11-7　外墙变形缝的构造做法

B—变形缝宽度

B
26号镀锌铁皮
或1厚铝板
木垫块
B+60
盖缝木条
(a) 内墙伸缩缝处理
(b) 内墙沉降缝处理方式一
(c) 内墙沉降缝处理方式二
泡沫塑料
宽度B+80
B+180
3厚铝合金
(d) 内墙防震缝处理方式一
(e) 内墙防震缝处理方式二

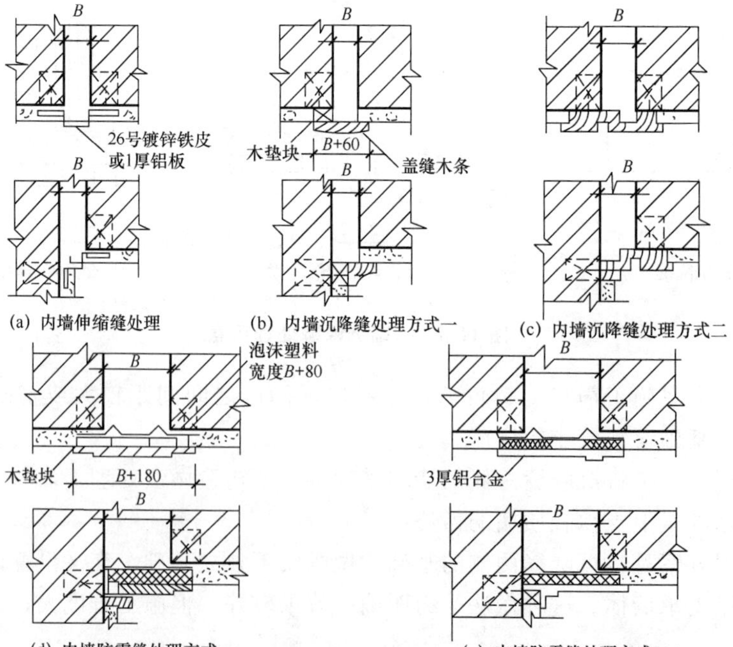

图 11-8　内墙变形缝的构造做法

B—变形缝宽度

2. 楼地面变形缝的构造做法是什么？

楼地面变形缝的位置与宽度应与墙体变形缝一致。其构造特点为方便行走、防火和防止灰尘下落，卫生间等有水环境还应考虑防水处理。

楼地层的变形缝内常填塞具有弹性的油膏、沥青麻丝、金属或橡胶塑料类调节片等，上铺与地面材料相同的活动盖板、金属板或橡胶片等，如图 11-9 所示。

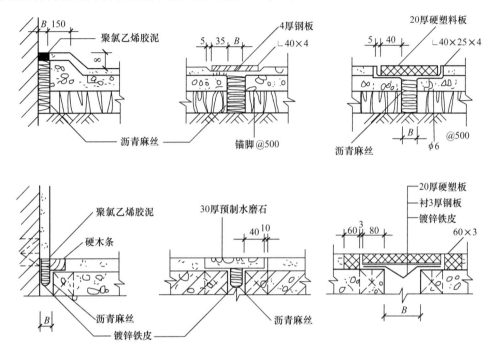

图 11-9 楼地面变形缝的构造做法

B—变形缝宽度

3. 顶棚变形缝的构造做法是什么？

顶棚处的变形缝可用木板、金属板或其他吊顶材料覆盖，但构造上应注意不能影响结构的变形，若是沉降缝，则应将盖板固定于沉降较大的一侧，如图 11-10 所示。

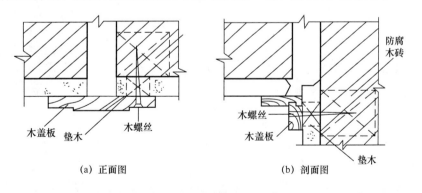

(a) 正面图　　　　　(b) 剖面图

图 11-10 顶棚变形缝的构造做法

4. 屋面变形缝的构造做法是什么?

屋面变形缝构造做法如图 11-11 所示。

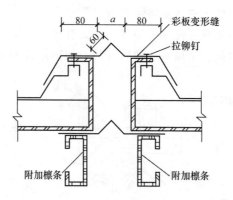

图 11-11　屋面变形缝构造做法

a—彩板变形缝凸出宽度

第十二章　工业建筑

一、工业建筑的特点与分类

1. 什么是工业建筑？

工业建筑（图12-1）是指为工业生产需要而建造的各种不同用途的建筑物和构筑物的总称。通常把用于工业生产的建筑物称为工业厂房。

图 12-1　工业建筑

2. 工业建筑的特点是什么？

工业建筑和民用建筑具有建筑的共性，但由于工业建筑是直接为工业生产服务的，所以生产工艺将直接影响到建筑平面布局、建筑结构、建筑构造、施工工艺等，这与民用建筑又有很大差别。工业建筑具有以下特点。

（1）厂房要满足生产工艺流程的要求　每一种工业产品的生产都有它一定的生产程序，这种程序称为生产工艺流程。生产工艺流程的要求是厂房平面布置和形式的主要依据之一。

（2）工业建筑常要求有较大的内部空间　许多工业产品的体积、质量都很大，厂房内一般都有笨重的机器设备、起重运输设备（吊车）等。

（3）厂房要有良好的通风和采光　有的厂房在生产过程中会散发出大量的余热、烟尘、有害气体、有侵蚀性的液体以及生产噪声等。

（4）满足特殊方面的要求　有的厂房为保证正常生产，要求保持一定的温、湿度或防尘、防振、防爆、防菌、防放射线等，必要时应采取相应的特殊技术措施。

（5）厂房内通常会有各种工程技术管网，如上下水、热力、压缩空气、煤气、氧气和电力供应管道等。

（6）厂房内常有各种运输车辆通行　生产过程中有大量的原料、加工零件、半成品、成品、废料等需要用电瓶车、汽车或火车进行运输。

3. 按厂房的用途如何分类？

由于生产工艺的多样化和复杂化，工业建筑的类型很多，通常归纳为以下几种类型。

（1）主要生产厂房 用于完成主要产品从原料到成品的整个加工、装配过程的各类厂房，如机械制造厂的铸造车间、热处理车间、机械加工车间和机械装配车间（图12-2）等。

图 12-2 机械装配车间

（2）辅助生产厂房 为主要生产车间服务的各类厂房，如机械制造厂的机械修理车间、电机修理车间（图12-3）、工具车间等。

图 12-3 电机修理车间

（3）动力用厂房 为全厂提供能源的各类厂房，如发电站、变电所、锅炉房、煤气站、乙炔站、氧气站和压缩空气站（图12-4）等。

图 12-4 压缩空气站

（4）贮藏用建筑 贮藏各种原材料、半成品、成品的仓库，如机械厂的金属材料库、油料库（图 12-5）、辅助材料库、半成品库及成品库等。

图 12-5 油料库

（5）运输用建筑 用于停放、检修各种交通运输工具用的房屋，如机车库、汽车库、电瓶车库、起重车库、消防车库（图 12-6）和站场用房等。

图 12-6 消防车库

（6）其他 污水处理建筑等。图 12-7 所示为污水处理厂。

图 12-7 污水处理厂

4. 厂房的层数如何分类?

(1) 单层厂房　是工业建筑的主体,多用于机械制造工业、冶金工业和其他重工业等,如图 12-8 所示。

(2) 多层厂房　一般为 2~5 层,多用于精密仪表、电子、食品、服装加工工业等,如图 12-9 所示。

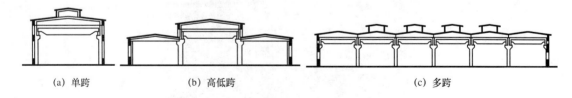

(a) 单跨　　　　　　　(b) 高低跨　　　　　　　　　(c) 多跨

图 12-8　单层厂房

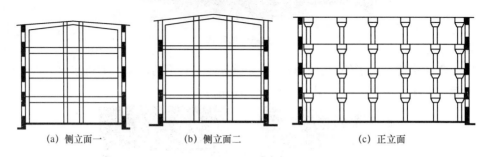

(a) 侧立面一　　　　　(b) 侧立面二　　　　　　　(c) 正立面

图 12-9　多层厂房

(3) 混合层数厂房　同一厂房内既有单层又有多层的厂房称为混合层数厂房,多用于化学工业、热电站等,如热电厂的主厂房,汽轮发电机设在单层跨内,其他为多层,如图 12-10 所示。

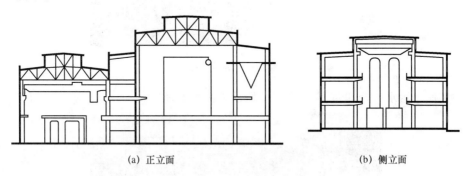

(a) 正立面　　　　　　　　　　　　(b) 侧立面

图 12-10　混合层数厂房

5. 按生产状况如何分类?

(1) 热加工车间　在高温状态下生产,往往生产中会散发出大量余热、烟雾、灰尘和有害气体,如铸造、煤钢、轧钢、锅炉房等。

(2) 冷加工车间　在正常温、湿度条件下进行生产的车间,如机械加工、机械装配、工具、机修等车间。

（3）恒温恒湿车间　在恒定的温、湿度条件下进行生产的车间，如纺织车间、精密仪器车间、酿造车间等。

（4）洁净车间　指在无尘无菌、无污染的高度洁净状况下进行生产的车间，如医药工业中的粉针剂车间、集成电路车间等。

（5）其他特种状况的车间　指有特殊条件要求的车间，如有大量腐蚀性物质、有放射性物质、高度隔声、防电磁波干扰车间等。

二、单层工业厂房的结构组成和类型

1. 单层工业厂房的主要结构构件有哪些？

（1）基础与基础梁　基础支承厂房上部结构的全部荷载，然后传递到地基中去，因此基础起着承上传下的作用，是厂房结构中的重要构件之一。

①基础的类型。单层工业厂房的基础一般做成独立基础（图12-11），其形式有锥台形基础、板肋基础、薄壳基础等。当上部结构荷载较大，而地基承载力较小时，如采用杯形基础，由于底面积过大，致使相邻基础很近时，则可采用条形基础；或地基土的层理构造复杂，为防止基础的不均匀沉降，也可以采用条形基础。当地基的持力层离地表很深，上部结构的荷载又很大，且对地基的变形限制较严时，可考虑采用桩基础。

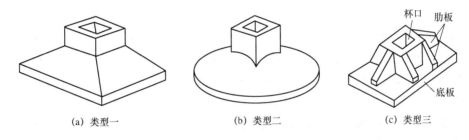

(a) 类型一　　　　　　(b) 类型二　　　　　　(c) 类型三

图 12-11　独立基础

②独立式基础构造。由于柱有现浇和预制两种施工方法，因此基础应采用相应的构造形式。

a. 现浇柱下基础。基础与柱均为现场浇筑但不同时施工，因此应在基础顶面预留钢筋，位置数量与柱中的纵向受力钢筋相同，其伸出长度应根据柱的受力情况、钢筋规格及接头方式（焊接还是绑扎接头）来确定，如图12-12所示。

b. 预制柱下基础。当柱为预制时，基础的顶部做成杯口形式，柱安装在杯口内，这种基础称为杯形基础，是目前应用最广泛的一种形式，如图12-13所示。

为了便于柱的安装，杯口尺寸应大于柱的截面尺寸，周边留有空隙：杯口顶应比柱每边大75mm；杯口底应比柱每边大50mm；杯口深度应按结构的要求确定。在柱底面与杯口面之间还应预留50mm的找平层，在柱就位前用高标号细石混凝土找平。杯口内表面应尽量凿毛，杯口与柱子四周缝隙用C20细石混凝土填实。基础杯口底板厚度一般应不小于200mm。

基础杯壁厚度一般应不小于200mm。基础杯口的顶面标高应至少低于室内地坪500mm。

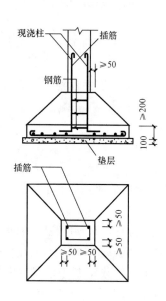

图 12-12　现浇柱下独立基础图

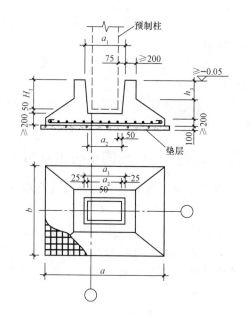

图 12-13　预制柱下独立基础

a—基础长度；b—基础宽度；a_1—杯口尺寸；a_2—杯底尺寸；
H_1—预制柱插杯口深度；h_3—杯口高度

基础所用材料混凝土的强度等级一般不低于 C15，钢筋采用Ⅰ级钢筋或Ⅱ级变形钢筋。为了便于施工放线和保护钢筋，在基础底部通常铺设 C10 的混凝土垫层，厚度为 100mm。独立式基础的施工，目前仍普遍采用现场浇筑的方法。

③基础梁。单层厂房当采用钢筋混凝土排架结构时，外墙和内墙仅起围护或隔离作用，如果外墙或内墙自设基础，则由于它所承重的荷载比柱基础小得多，容易与柱产生不均匀沉降，而导致墙面开裂。因此，一般厂房常将外墙或内墙砌筑在基础梁上，基础梁两端架设在相邻独立基础上，这样可使内外墙和柱一起沉降，墙面不易开裂。

基础梁的标志尺寸一般为 6m，截面形式多采用上宽下窄的梯形截面，有预应力与非预应力钢筋混凝土两种，如图 12-14 所示。

（2）排架柱与抗风柱　在单层工业厂房中，柱按其作用有排架柱和抗风柱两种。

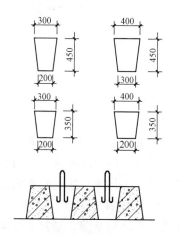

图 12-14　基础梁的断面形式

①排架柱。排架柱是厂房结构中的主要承重构件之一。它主要承受屋盖和吊车梁等竖向荷载、风荷载及吊车产生的纵向和横向水平荷载，有时还承受墙体、管道设备等荷载。柱的类型如图 12-15 所示，柱按所用的材料不同可分为钢筋混凝土柱、钢柱等，目前钢筋混凝土柱应用最为广泛。

单层工业厂房钢筋混凝土柱，基本上可分为单肢柱和双肢柱两大类。单肢柱截面形式有矩形、工字形及空心管柱。双肢柱的截面是由两肢矩形柱或两肢空心管柱用腹杆（平腹杆或斜腹杆）连接而成。

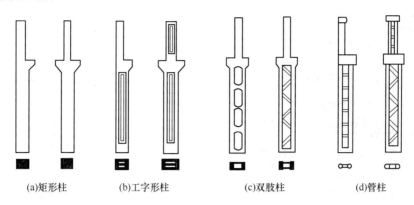

(a)矩形柱　　　(b)工字形柱　　　(c)双肢柱　　　(d)管柱

图 12-15　柱的类型

柱的预埋件如图 12-16 所示。

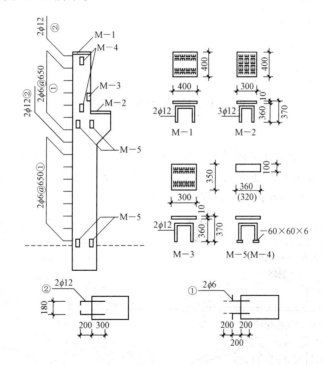

图 12-16　柱的预埋件

②抗风柱。单层工业厂房的山墙面积很大，为保证山墙的稳定性，应在山墙内侧设置抗风柱，使山墙的风荷载一部分由抗风柱传至基础，另一部分由抗风柱的上端传至屋盖系统再传至纵向柱列。

抗风柱截面形式常为矩形，尺寸常为 400mm×600mm 或 400mm×800mm。抗风柱与屋架的连接多为铰接，在构造处理上必须满足以下要求：一是水平方向应有可靠的连接，以保证有效地传递风荷载；二是在竖向应使屋架与抗风柱之间有一定的相对竖向位移的可能性，以防止抗风柱与厂房沉降不均匀时屋盖的竖向荷载传给抗风柱，对屋盖结构产生不利影响。

因此，屋架与抗风柱之间一般采用弹簧钢板连接，如图 12-17 所示。

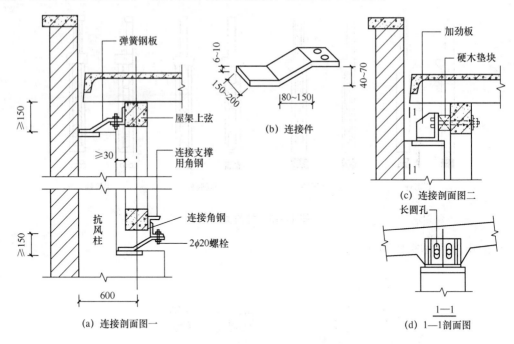

图 12-17　抗风柱与屋架的连接

（3）屋盖

①屋盖承重构件。屋架（屋面梁）是屋盖结构的主要承重构件，它直接承受屋面荷载，有些厂房的屋架（屋面梁）还承受悬挂吊车、管道或其他工艺设备的荷载，其类型如图 12-18所示。屋架与柱的连接方法有焊接和螺栓连接。

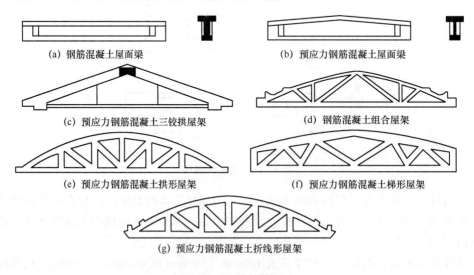

图 12-18　屋架的形式

②屋盖覆盖构件。屋面板的类型如图 12-19 所示。每块板与屋架（屋面梁）上弦相应处预埋铁件相互焊接，其焊点不少于三点，板与板缝隙均用不低于 C15 细石混凝土填实。

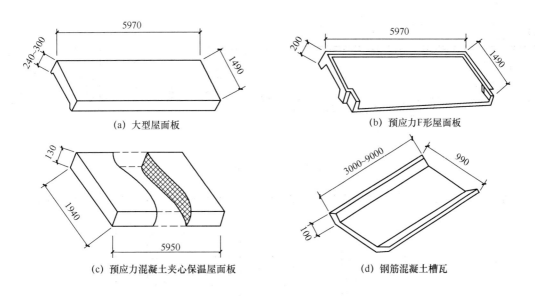

(a) 大型屋面板　　　　　　　　　　(b) 预应力F形屋面板

(c) 预应力混凝土夹心保温屋面板　　　(d) 钢筋混凝土槽瓦

图 12-19　屋面板的类型

（4）吊车梁、连系梁和圈梁

①吊车梁。当单层工业厂房设有桥式吊车（或梁式吊车）时，需要在柱子的牛腿处设置吊车梁。吊车梁是单层工业厂房的重要承重构件之一。

吊车梁一般为钢筋混凝土梁，截面形式有等截面（图 12-20）和变截面（图 12-21）两种。

②连系梁。连系梁是柱与柱之间在纵向的水平连系构件。当墙体高度超过 15m 时，须在适当的位置设置连系梁。其作用是加强结构的纵向刚度和承受其上面墙体的荷载，并将荷载传给柱子。

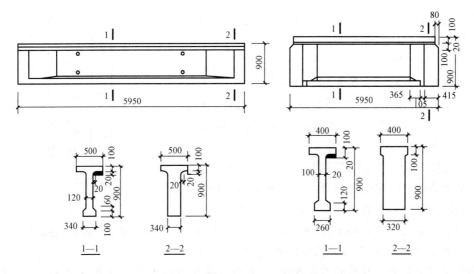

图 12-20　等截面吊车梁

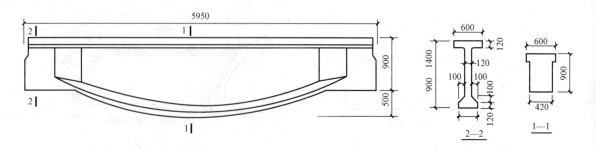

图 12-21　变截面吊车梁

连系梁（图 12-22）与柱子的连接，可以采用焊接或螺栓连接，其截面形式有矩形和 L 形。

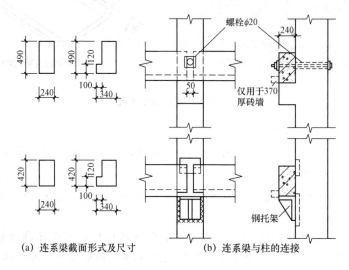

(a) 连系梁截面形式及尺寸　　　　(b) 连系梁与柱的连接

图 12-22　连系梁

③圈梁。圈梁是连续、封闭、在同一标高上设置的梁，作用是将砌体同厂房排架的柱、抗风柱连在一起，加强厂房的整体刚度及墙的稳定性。圈梁应在墙内，位置通常设在柱顶、吊车梁、窗过梁等处。其断面高度应不小于 180mm，配筋数量主筋为 $4\phi12$，箍筋为 $\phi6@200$，圈梁应与柱子伸出的预埋筋进行连接，如图 12-23 所示。

（5）支撑系统　单层厂房结构中，支撑虽然不是主要的承重构件，但它能够保证厂房结构和构件的承载力、稳定和刚度，并有传递部分水平荷载的作用。

支撑有屋盖支撑和柱间支撑两大部分。屋盖支撑包括横向水平支撑（上弦和下弦横向水平支撑）、纵

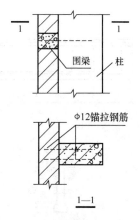

图 12-23　圈梁与柱的连接

向水平支撑（上弦或下弦纵向水平支撑）、垂直支撑和纵向水平系杆等（图 12-24）。柱间支撑按吊车梁位置分为上部和下部两种（图 12-25）。

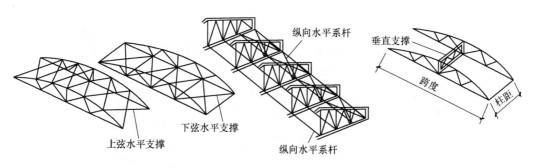

图 12-24 屋盖支撑

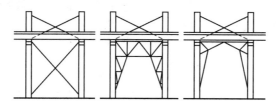

图 12-25 柱间支撑

2. 常见的装配式钢筋混凝土横向排架结构单层厂房主要由哪些部分组成?

在厂房建筑中,支承各种荷载作用的构件所组成的骨架,通常称为结构。目前,我国单层工业厂房(图 12-26)一般采用的是装配式钢筋混凝土横向排架结构。

(1)基础 承受柱和基础梁传来的全部荷载,并将荷载传给地基。

(2)排架柱 是厂房结构的主要承重构件,承受屋架、吊车梁、支撑、连系梁和外墙传来的荷载,并把它传给基础。

(3)屋架(屋面梁) 是屋盖结构的主要承重构件,承受屋盖上的全部荷载,并将荷载传给柱子。

(4)吊车梁 承受吊车和起重的重量及运行中所有的荷载(包括吊车启动或刹车产生的横向、纵向刹车力)并将其传给框架柱。

(5)基础梁 承受上部墙体重量,并把它传给基础。

(6)连系梁 是厂房纵向柱列的水平连系构件,用以增加厂房的纵向刚度,承受风荷载和上部墙体的荷载,并将荷载传给纵向柱列。

(7)支撑系统构件 加强厂房的空间整体刚度和稳定性,它主要传递水平荷载和吊车产生的水平刹车力。

(8)屋面板 直接承受板上的各类荷载(包括屋面板自重,屋面覆盖材料,雪、积灰及施工检修等荷载),并将荷载传给屋架。

(9)天窗架 承受天窗上的所有荷载并把它传给屋架。

(10)抗风柱 同山墙一起承受风荷载,并把荷载中的一部分传到厂房纵向柱列上去,另一部分直接传给基础。

(11)外墙 厂房的大部分荷载由排架结构承担,因此,外墙是自承重构件,主要起着防风、防雨、保温、隔热、遮阳、防火等作用。

(12)窗与门 供采光、通风、日照和交通运输用。

(13)地面 满足生产使用及运输要求等。

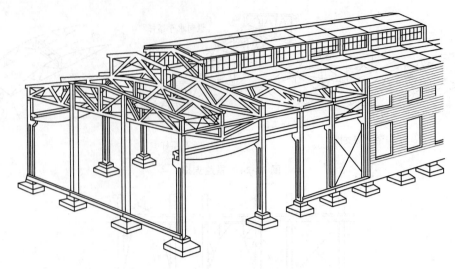

图 12-26　单层工业厂房的结构示意

3. 单层厂房的结构类型有哪些？

按主要承重结构的形式分，主要有排架结构和刚架结构。

（1）排架结构　排架结构（图 12-27）是由柱子、基础、屋架（屋面梁）、吊车梁构成的一种骨架体系。它的基本特点是把屋架看成为一个刚度很大的横梁，屋架（屋面梁）与柱子的连接为铰接，柱子与基础的连接为刚接。

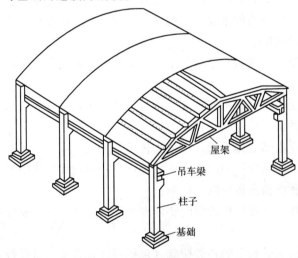

图 12-27　排架结构

（2）刚架结构　刚架结构（图 12-28）是将屋架（屋面梁）与柱子合并成为一个构件。柱子与屋架（屋面梁）连接处为一整体刚性节点，柱子与基础的连接为铰接节点。

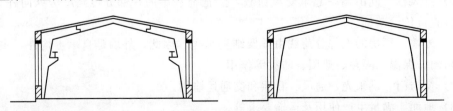

图 12-28　刚架结构

4. 什么是柱网、跨度、柱距？

（1）柱网　厂房的定位轴线（图 12-29）分为横向定位轴线和纵向定位轴线两种。通常把与横向排架平面平行的轴线称为横向定位轴线，与横向排架平面垂直的轴线称为纵向定位轴线，纵、横向定位轴线在平面上形成有规律的网格称为柱网。

（2）跨度　两纵向定位轴线间的距离称为跨度。单层厂房的跨度在 18m 及 18m 以下时，取 30M 数列，如 9m，12m，15m，18m；在 18m 以上时，取 60M，如 24m，30m，36m 等。

（3）柱距　两横向定位轴线的距离称为柱距。单层厂房的柱距应采用 60M 数列，如 6m，12m，一般情况下均采用 6m。抗风柱柱距宜采用 15M 数列，如 4.5m，6m，7.5m。

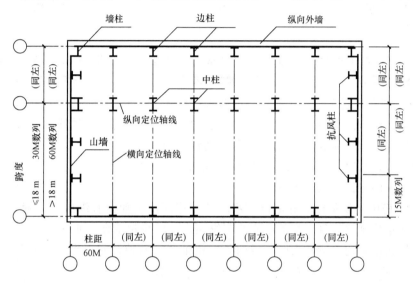

图 12-29　单层厂房的定位轴线

5. 单层厂房定位轴线如何定位？

（1）横向定位轴线

①除了靠山墙的端部柱和横向变形缝两侧柱外，厂房纵向柱列中的中间柱的中心线应与横向定位轴线相重合，如图 12-30 所示。

②山墙为非承重墙时，墙内缘与横向定位轴线相重合，且端部柱应自横向定位轴线向内移动 600mm，如图 12-31 所示。

③在横向伸缩缝或防震缝处，应采用双柱及两条定位轴线，且柱的中心线均应自定位轴线向两侧各移 600mm，如图 12-32 所示。两定位轴线的距离叫插入距，用 a_i 表示，一般等于变形缝宽度 a_e。

（2）纵向定位轴线

①边柱与纵向定位轴线的关系。

a. 封闭结合。当结构所需的上柱截面高度 h、吊车桥架端头长度 B 及吊车安全运行时所需桥架端头与上柱内缘的间隙 C_b 三者之和小于吊车轨道中心线至厂房纵向定位轴线间的距离 e（一般为 750mm），即 $h+B+C_b \leqslant e$ 时，边柱外缘、墙内缘宜与纵向定位轴线相重合，此时屋架部与墙内缘也重合，形成"封闭结合"的构造，如图 12-33 所示。

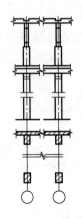

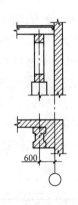

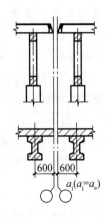

图 12-30　中心线与横向定位　　　图 12-31　非承重山墙与横向　　　图 12-32　变形缝处柱与
　　　　　　轴线相重合　　　　　　　　　　　　定位轴线的关系　　　　　　　　　　定位轴线的关系

　　b. 非封闭结合。当 $h+B+C_b>e$，此时若继续采用"封闭结合"的定位办法，便不能满足吊车安全运行所需间隙要求。因此需将边柱的外缘从纵向定位轴线向外移出一定尺寸，称为"连系尺寸"。由于纵向定位轴线与柱子边缘间有"连系尺寸"，上部屋面板与外墙之间便出现孔隙，这种情况称为"非封闭结合"，如图 12-34 所示。

　　②中柱与纵向定位轴线的关系。

　　a. 等高厂房中柱设单柱时的定位。双跨及多跨厂房中如没有纵向变形缝时，宜设置单柱和一条纵向定位轴线，且上柱的中心线与纵向定位轴线相重合，如图 12-35（a）所示。当相邻跨内的桥式吊车起重量较大时，设两条定位轴线，两轴线间距离（插入距）用 a_i 表示，此时上柱中心线与插入距中心线相重合，如图 12-35（b）所示。

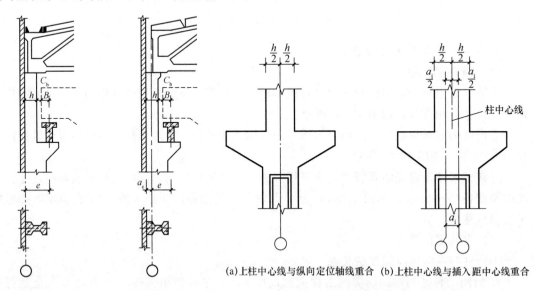

(a)上柱中心线与纵向定位轴线重合　(b)上柱中心线与插入距中心线重合

图 12-33　封闭结合　　图 12-34　边柱与纵向　　　　图 12-35　等高跨中柱采用单柱时的
　　　　　　　　　　　　　　　　　定位轴线的定位中的　　　　　　　　　　纵向定位轴线
　　　　　　　　　　　　　　　　　非封闭结合

　　b. 等高厂房中柱设双柱时的定位。若厂房需设置纵向抗震缝时，应采用双柱及两条定位轴线，此时的插入距口 a_i 与相邻两跨吊车起重量大小有关。若相邻两跨吊车起重量不大，其插入距 a_i 等于抗震缝宽度 a_e，如图 12-36（a）所示；若相邻两跨中，一跨吊车起重量大，必须在这跨设连系尺寸 a_c，此时插入距 $a_i = a_e + a_c$，如图 12-36（b）所示；若相邻两跨吊车起重量都大，两跨都需设连系尺寸 a_c，此时插入距 $a_i = a_c + a_e + a_c$，如图 12-36（c）所示。

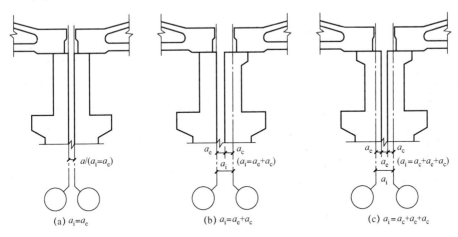

(a) $a_i = a_e$ 　　(b) $a_i = a_e + a_c$ 　　(c) $a_i = a_c + a_e + a_c$

图 12-36　等高跨中采用双柱时的纵向定位轴线

c. 不等高跨中柱设单柱时的定位。不等高跨不设纵向伸缩缝时，一般采用单柱，若高跨内吊车起重量不大时，根据封墙底面的高低，可以有两种情况：如封墙底面高于低跨屋面，宜采用一条纵向定位轴线，且纵向定位轴线与高跨上柱外缘、封墙内缘及低跨屋架标志尺寸端部相重合，如图 12-37（a）所示；若封墙底面低于跨屋面时，应采用两条纵向定位轴线，且插入距 a_i 等于封墙厚度 t，即 $a_i = t$，如图 12-37（b）所示。

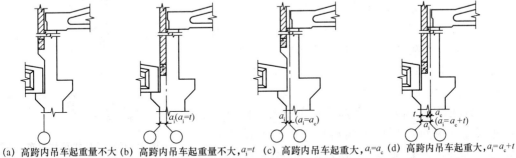

(a) 高跨内吊车起重量不大　(b) 高跨内吊车起重量不大，$a_i = t$　(c) 高跨内吊车起重大，$a_i = a_c$　(d) 高跨内吊车起重大，$a_i = a_c + t$

图 12-37　高低跨处单柱与纵向定位轴线的关系

当高跨吊车起重大时，高跨中需设连系尺寸 a_c，此时定位轴线也有两种情况：若封墙底面高于低跨屋面时，$a_i = a_c$，如图 12-37（c）所示；若封墙底面低于低跨屋面时，$a_i = a_c + t$，如图 12-37（d）所示。

d. 不等高跨中柱设双柱时的定位。当不等高跨高差或荷载相差悬殊需设沉降缝时，此时只能采用双柱及两条定位轴线，其插入距 a_i 分别与吊车起重量大小、封墙高低有关。若高跨吊车起重量不大，封墙底面高于低跨屋面时，插入距 a_i 等于沉降缝宽度 a_e，即 $a_i = a_e$，如图 12-38（a）所示；封墙底面低于低跨屋面时，插入距 a_i 等于沉降缝宽度 a_e 加上封墙厚度

t，即 $a_i = a_e + t$，如图 12-38（b）所示。

若高跨吊车起重量较大，高跨内需设连系尺寸 a_c，此时当封墙底面高于低跨屋面时，$a_i = a_e + a_c$，如图 12-38（c）所示；当封墙底面低于低跨屋面时 $a_i = a_c + a_e + t$，如图 12-38（d）所示。

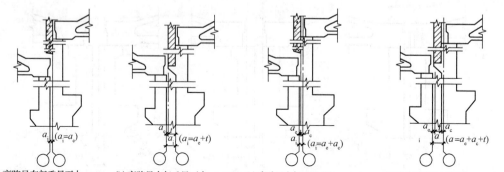

(a) 高跨吊车起重量不大，$a_i = a_e$　(b) 高跨吊车起重量不大，$a_i = a_e + t$　(c) 高跨吊车起重量较大，$a_i = a_e + a_c$　(d) 高跨吊车起重量较大，$a_i = a_e + a_c + t$

图 12-38　高低跨处双柱与纵向定位轴线的关系

6. 厂房内部的起重运输设备有哪些？

单层工业厂房内需要安装各种类型的起重运输设备，以便搬运各种零部件进行组装，常用的吊车有以下三种。

（1）悬挂式单轨吊车　由电动葫芦和工字钢轨道两部分组成。工字钢轨可以悬挂在屋架（屋面梁）下弦。电动葫芦悬挂在工字钢轨上，有手动和电动之分。起重量为 $1 \sim 5t$（图 12-39）。

（2）单梁电动起重吊车　由电动葫芦和梁架组成，梁架可以悬挂在屋架下皮或支承在吊车梁上，工字钢轨固定在架上，电动葫芦仍安装在工字钢轨上。梁架沿厂房纵向移动，电动葫芦沿厂房横向移动，起重量为 $0.5 \sim 5t$，如图 12-40 所示。

（3）桥式吊车　由桥架和起重小车组成。桥架支承在吊车梁上，并可沿厂房纵向滑移，桥架上设支承小车，小车能沿桥架横向滑移，起重量为 $5 \sim 350t$（图 12-41）。

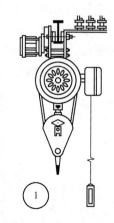

图 12-39　悬挂式单轨吊车

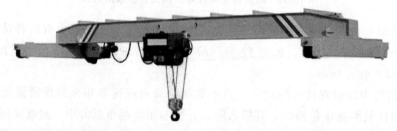

图 12-40　单梁电动起重吊车

图 12-41 桥式吊车

三、单层工业厂房结构设计方面常遇到的问题

1. 单层钢筋混凝土厂房的抗震措施是什么？

（1）厂房布置的基本原则

①多跨厂房宜等高和等长，高低跨厂房不宜采用一端开口的结构布置。

②厂房的贴建房屋和构筑物，不宜布置在厂房角部和紧邻防震缝处。

③厂房体型复杂或有贴建的房屋和构筑物时，宜设防震缝；在厂房纵横跨交接处、大柱网厂房或不设柱间支撑的厂房，防震缝宽度可采用 100～150mm，其他情况可采用 50～90mm。

④两个主厂房之间的过渡跨至少应有一侧采用防震缝与主厂房脱开。

⑤厂房内上吊车的铁梯不应靠近防震缝设置；多跨厂房各跨上吊车的铁梯不宜设置在同一横向轴线附近。

⑥工作平台宜与厂房主体结构脱开。

⑦厂房的同一结构单元内，不应采用不同的结构类型；厂房端部应设屋架，不应采用山墙承重；厂房单元内不应采用横墙和排架混合承重。

⑧厂房各柱列的侧移刚度宜均匀。

（2）厂房计算

①单层厂房按《建筑抗震设计规范》（GB 50011—2010）的规定采取抗震构造措施并符合下列条件之一时，可不进行横向和纵向抗震验算：

a. 7 度Ⅰ、Ⅱ类场地，柱高不超过 10m 且结构单元两端均有山墙的单跨和等高多跨厂房（锯齿形厂房除外）；

b. 7 度Ⅲ、Ⅳ类场地和 8 度Ⅰ、Ⅱ类场地的露天吊车栈桥。

②厂房的横向抗震计算，应采用下列方法：

a. 混凝土无檩和有檩屋盖厂房，一般情况下，宜计及屋盖的横向弹性变形，按多质点空间结构分析；当符合《建筑抗震设计规范》（GB 50011—2010）附录 J 的条件时可按平面排架计算，并按附录 J 的规定对排架柱的地震剪力和弯矩进行调整；

b. 轻型屋盖厂房，柱距相等时，可按平面排架计算。

注：本节轻型屋盖指屋面为压型钢板、瓦楞铁、石棉瓦等有檩屋盖。

混凝土无檩和有檩屋盖及有较完整支撑系统的轻型屋盖厂房，其纵向抗震可采用下列方法：

a. 一般情况下，宜计及屋盖的纵向弹性变形、围护墙与隔墙的有效刚度，不对称时尚宜计及扭转的影响，按多质点进行空间结构分析；

b. 柱顶标高不大于 15m 且平均跨度不大于 30m 的单跨或等高多跨的钢筋混凝土柱厂房，宜采用《建筑抗震设计规范》(GB 50011—2010) 附录 K.1 规定的修正刚度法计算；

c. 纵墙对称布置的单跨厂房和轻型屋盖的多跨厂房，可按柱列分片独立计算。

③设计者应注意以下几点。

a. 当下柱柱间支撑的下节点位于基础顶面以上时，应对纵向排架柱的底部进行斜截面受剪抗震验算。若下柱支撑的下节点位于基础顶面以上一段高度时，在历次地震中，6～10 度区皆发生破坏，轻者混凝土开裂，重者混凝土酥碎、钢筋压屈，严重者甚至纵向折断并错位，所以柱撑下节点宜设置在靠近基础顶面处。如下撑下节点设在厂房室内地坪标高或以上处时，则应验算厂房柱根部所承受的偏拉剪或偏压剪的斜截面受剪承载力。

b. 8 度和 9 度时，高大山墙的抗风柱应进行平面外的截面抗震验算。

c. 当抗风柱与屋架下弦相连接时，连接点应设在下弦横向支撑节点处，下弦横向支撑杆件的截面和连接节点应进行抗震承载力验算。

d. 8 度Ⅲ、Ⅳ类场地和 9 度时，带有小立柱的拱形和折线形屋架或上弦节间较长且矢高较大的屋架，屋架上弦宜进行抗扭验算。

2. 单层钢结构厂房有怎样的抗震技术措施？

(1) 厂房的结构体系的要求

①厂房的横向抗侧力体系，可采用刚接框架、铰接框架、门式刚架或其他结构体系，厂房的纵向抗侧力体系应按规定设置柱间支撑。

②厂房内设有桥式吊车时，吊车梁系统构件与厂房框架柱的连接应能可靠地传递纵向水平地震作用。

③厂房应按《建筑抗震设计规范》(GB 50011—2010) 规定设置完整的屋盖支撑系统。

④厂房防震缝宽度不宜小于混凝土柱厂房防震缝宽度的 1.5 倍。

(2) 抗震验算

①厂房抗震计算时，应根据屋盖高差、起重机设置情况，采用与厂房结构的实际工作状况相适应的计算模型计算地震作用。厂房抗震计算的阻尼比不宜大于 0.045，罕遇地震作用分析的阻尼比可取 0.05。

②厂房地震作用计算时，围护墙体的自重和刚度，应按下列规定取值：

a. 轻型墙板或与柱柔性连接的预制混凝土墙板，应计入其全部自重，但不应计入其刚度；

b. 柱边贴砌且与柱有拉结的砌体围护墙，应计入其全部自重；当沿墙体纵向进行地震作用计算时，尚可计入砌体墙的折算刚度，7 度、8 度和 9 度折算系数可分别取 0.6、0.4 和 0.2。

(3) 厂房的横向抗震计算　单层钢结构厂房的地震作用计算，应根据厂房的竖向布置 (等高或不等高)、起重机设置、屋盖类别等情况，采用能反映出厂房地震反应特点的单质点、两质点和多质点的计算模型。总体上，单层钢结构厂房地震作用计算的单元划分、质量集中等，均可参照钢筋混凝土柱厂房执行。但对于不等高单层钢结构厂房，不能采用底部剪力法计算，更不可采用乘以增大系数的方法来考虑高振型的影响，而应采用多质点模型振型分解反应谱法计算。一般情况下，宜采用考虑屋盖弹性变形的空间分析方法。平面规则、抗侧刚度均匀的轻型屋盖厂房，可按平面框架进行计算。等高厂房可采用底部剪力法，高低跨厂房应采用振型分解反应谱法。

（4）厂房的纵向抗震计算　采用轻型板材围护墙或与柱柔性连接的大型墙板的厂房，可采用底部剪力法计算，各纵向柱列的地震作用可按下列原则分配：

①轻型屋盖可按纵向柱列承受的重力荷载代表值的比例分配；

②钢筋混凝土无檩屋盖可按纵向柱列刚度比例分配；

③钢筋混凝土有檩屋盖可取上述两种分配结果的平均值。

（5）设计者应注意的其他要点

①8度、9度时，跨度大于24m的屋盖横梁或托架应计算其竖向地震作用。

②设计经验表明，跨度30m以下的轻型屋盖钢结构厂房，如仅按新建的一次投资来比较，采用实腹屋面梁的造价略比采用屋架要高些。但实腹屋面梁制作简便，厂房施工期和使用期的涂装、维护量小而方便，且质量好、进度快。如按厂房全寿命的支出比较，跨度30m以下的厂房采用实腹屋面梁比采用屋架要合理一些。实腹屋面梁一般与柱刚性连接，这种刚架结构应用日益广泛。

③梁柱刚性连接、拼接的极限承载力验算及相应的构造措施，应针对单层刚架厂房的受力特征和遭遇强震时可能形成的极限机构进行。一般情况下，单跨横向刚架的最大应力区在梁底上柱截面，多跨横向刚架的最大应力区在中间柱列处，也可出现在梁端截面，这是钢结构单层刚架厂房的特征。柱顶和柱底出现塑性铰是单层刚架厂房的极限承载力状态之一，故可放弃"强柱弱梁"的抗震概念。

④单层钢结构厂房的柱间支撑一般采用中心支撑。X形柱间支撑用料省，抗震性能好，应首先考虑采用。但单层钢结构厂房的柱距，往往比单层混凝土柱厂房的基本柱距（6m）要大几倍，V或A形是常用的几种柱间支撑形式，下柱柱间支撑也有用单斜杆的。单层钢结构厂房纵向主要由柱间支撑抵抗水平地震作用。厂房纵向往往只有柱间支撑一道防线，也是震害多发部位。在地震作用下，柱间支撑可能屈曲，也可能不屈曲。柱间支撑处于屈曲状态或者不屈曲状态，对与支撑相连的框架柱的受力差异较大，因此需针对支撑杆件是否屈曲两种状态，分别验算支撑框架受力。但是，目前采用轻型围护结构的单层钢结构厂房已普遍应用，在风荷载较大的7度、8度区，即使按中震组合进行计算分析，柱间支撑杆件也可处于不屈曲状态。所以就这种情况，可不进行支撑屈曲后状态的支撑框架验算。

⑤8度、9度时，屋盖支撑体系（上、下弦横向支撑）与柱间支撑应布置在同一开间，以便加强结构单元的整体性。

3. 钢结构厂房设计应该注意哪些问题？

（1）门式轻钢刚架常见设计质量问题及预防措施

①梁、柱拼接节点一般按刚接节点计算，但往往由于端部封板较薄而导致与计算有较大出入，故应严格控制封板厚，以保证端板有足够刚度。

②有的设计中斜梁与柱按刚接计算，而实际工程则把钢柱省去，把斜梁支承在钢筋混凝土柱或砖柱上，容易造成工程事故。因此，设计时应注意把节点构造表达清楚，节点构造一定要与计算相符。

③多跨门式刚架中柱按摇摆柱设计，而实际工程却把中柱和斜梁焊死，致使计算简图与实际构造不符，造成工程事故。

④檩条设计常忽略在风吸力作用下的稳定，导致大风吸力作用下很容易产生失稳破坏。设计时应注意验算檩条截面在风吸力作用下是否满足要求。

⑤有的工程在门式刚架斜梁拼接时，把翼缘和腹板的拼接接头放在同一截面上，造成工程隐患。因此，设计拼接接头时翼缘接头和腹板接头一定要错开。

⑥有的单位在设计檩条时只简单要求镀锌，没有提出镀锌方法、镀锌量，故施工单位用电镀，造成工程尚未完成，檩条已生锈。因此，设计时要提出宜采用热镀锌带钢压制而成的翼缘，并提出镀锌量要求。

⑦隅撑的位置、檩条（或墙梁）和拉条的设置是保证整体稳定的重要措施，有的工程设计把它们取消，可能造成工程隐患。如果因特殊原因不能设隅撑时，应采取有效的可靠措施保证梁柱翼缘不出现屈曲。

⑧柱脚底板下如采用剪力键，或有空隙，在安装完成时，一定要用灌浆料填实，注意底板设计时一定要有灌浆孔。

⑨檩条和屋面金属板要根据支承条件和荷载情况进行选用，不应任意减小檩条和屋面板的厚度。

⑩有些单位为节省檩条和墙梁而采取连续构件，但其搭接长度没有经过试验确定，导致搭接长度和连接难于满足连续梁的条件。在设计时，要强调若采用连续的檩条和墙梁，其搭接长度要经试验确定，同时还应注意在温度变化和支座不均匀沉降下可能出现的隐患。

⑪不少单位为了省钢材和省人工，将檩条和墙梁用钢板支托的侧向肋取消，这将影响檩条的抗扭刚度和墙梁受力的可靠性。设计时应在图纸上标明支座的具体做法，总说明中应强调施工单位不得任意更改。

⑫门式刚架斜梁和钢柱的翼缘板或腹板可以改变厚度，但有的单位翼缘板由 20mm 突然变成 8mm，相邻板突变对受力很不利。设计时，翼缘板或腹板应逐步变薄，一般以 2～4mm 板厚的级差变化为宜。

⑬有的工程建在 8 度地震区，可是其柱间支撑仍用直径不大的圆钢。建议建在 8 度地震区的工程，柱间支撑应进行计算，一般采用型钢断面为宜。

⑭有的工程，不管门式刚架跨度多大，柱脚螺栓均按最小直径 M20 选用，造成工程事故。螺栓应按最不利的工况进行计算，并应考虑与柱脚的刚度相称，还要考虑相关的不利因素影响。

⑮一般情况下，当刚架跨度：小于等于 18m 采用 2 个 M24；小于等于 27m 采用 4 个 M24；大于等于 30m 采用 4 个 M30。

⑯有的门式刚架安装时没有采取临时措施保证其侧向稳定，造成安装过程中门式刚架倒地，建议在设计总说明中应写明对门式刚架安装的要求。

⑰屋面防水和保温隔热是关键问题之一，设计时要与建筑专业配合，认真采取有效措施。

⑱当跨度大于30m以上时，采用固接柱脚较为合理。

⑲托梁按普钢设计时应控制托梁挠度，托梁的挠度不能太大，太大就会使刚架内力发生变化，引起附加弯矩。

（2）关于柱底抗剪键的合理设置问题　钢柱底水平力不宜由柱脚锚栓承受，应由钢柱底板与混凝土基础间的摩擦力（摩擦系数可取0.4）或设置抗剪键来承受。如柱底摩擦力小于水平力，则应设抗剪键。

纵向水平力如由柱间支撑传递，则对有柱间支撑的柱底，还应计算纵向水平力；如纵向为无支撑的纯框架，则每个柱底都应考虑双向抗剪。

抗剪键一般用十字板或H形钢，在基础顶预留孔槽或埋件。有的设计师对抗剪键不够重视，利用扁钢或角钢肢边抗剪，刚度很差，抗剪键的设置如图12-42所示。

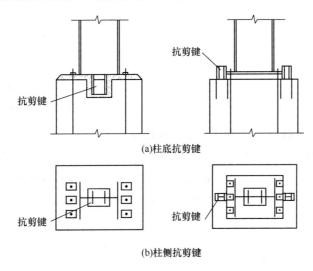

(a)柱底抗剪键

(b)柱侧抗剪键

图 12-42　抗剪键的设置

（3）关于柱脚锚栓锚固长度合理选择的问题　在一些资料、图册、设计文件中，对钢柱脚锚栓的锚固长度，不论何种条件，均取25d、30d，甚至更多。《钢结构设计手册》（中国建筑工业出版社第3版，2004年出版）取值要小得多。锚栓的锚固长度要根据锚栓钢材牌号、混凝土强度等级、锚固形式确定，从$30d \sim 100d$不等。该手册中混凝土强度等级只有C15、C20。《混凝土结构设计规范》（GB 50010—2010）因有耐久性要求，基础混凝土强度等级常用C25、C30。现参照《混凝土结构设计规范》（GB 50010—2010）钢筋锚固长度计算式（9.3.1—1），根据不同强度等级混凝土的f_t值变化情况，补充了C25、C30的锚栓锚固长度，见表12-1。锚栓埋置深度应使锚栓的拉力通过其与混凝土之间的黏结力传递。当埋置深度受到限制时，则锚栓应固定在锚板或锚梁上，以传递锚栓的全部拉力，此时锚栓与混凝土间的黏结力可不予考虑。

表 12-1　不同混凝土等级时的锚栓锚固长度

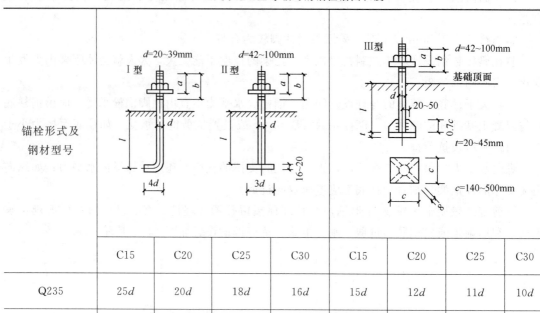

锚栓形式及钢材型号	C15	C20	C25	C30	C15	C20	C25	C30
Q235	25d	20d	18d	16d	15d	12d	11d	10d
Q345	30d	25d	22d	20d	18d	15d	13d	12d

4. 混凝土柱加实腹钢屋面梁设计应注意的问题有什么？

混凝土柱加钢梁的结构形式，严格地讲，它并不是真正意义上的门式刚架，也不是钢筋混凝土排架，是类似于单层工业厂房混凝土柱加梯形钢屋架或轻型钢屋架的做法。但它又不同于排架结构，排架结构的计算模型假定屋架是刚性的，水平方向无变形。而混凝土柱加钢梁体系中，斜钢梁对柱产生水平推力。建议设计者按以下情况考虑。

①当屋面采用轻质材料时，宜按 STS 中的排架结构设计。

②当屋面采用重型材料时，宜用 PK 中的排架结构设计。

③如果设计者要采用空间计算程序对其进行计算，此时一定要注意观看振型图，观察结构整体在振动还是仅屋面梁在振动，一般在计算位移时应将屋面强制为刚性楼板。建议对于采用轻质屋面的工程最好不要采用空间计算程序对其进行分析计算，因为轻质屋面的平面内外刚度都很弱，整个结构很难发挥空间作用，应采用平面排架计算。

④程序对于混凝土柱自动按混凝土规范计算。对于这种结构形式，关键是做好混凝土柱和钢梁的节点铰接设计，这个连接节点目前需由用户自行设计；有条件的话，建议在钢梁下部设置一根单拉杆来释放钢梁对柱顶产生的较大水平推力。

⑤混凝土柱加钢梁，这种形式结构的水平推力应该比纯钢结构要大，既然纯钢结构都需要设置抗剪键，那么显然混凝土柱加钢梁这种形式更需要设置抗剪键。由于高空作业比较困难，一般施工单位都不希望做抗剪键，因为那样，就必然有二次灌浆，施工比较困难。

⑥《钢结构设计规范》（GB 50017—2003）的 8.4.13 条明确指出：柱脚锚栓不宜用以承受水平剪力。因此建议设计者按下列 3 种方法处理。

第一种方法：在柱顶预埋钢板及螺栓，同时在钢梁就位后再在柱顶及钢梁间焊一角钢承受钢梁的推力（剪力），如图 12-43 所示。

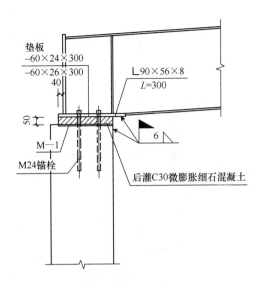

图 12-43　预埋钢板法

　　第二种方法：计算模型中将支座一端铰接，另一端做成滑动释放，这样比较合理。滑动释放端支座构造上应做处理，常采用椭圆孔，不过椭圆孔的长孔大小必须根据结构分析确定的最大滑动位移确定，而且必须留有余量，如图 12-44 所示。

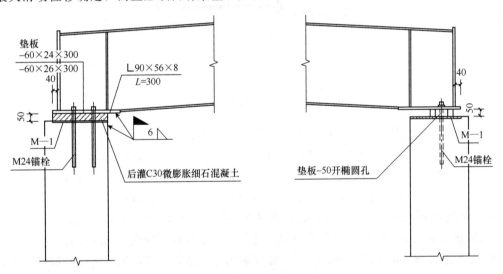

图 12-44　设置滑动支座法

第三种方法：在柱顶留抗剪键法，如图 12-45 所示。

建议：a. 以上三种做法，仅宜用于轻型屋面；

b. 对于重型屋盖，则应设置下弦拉杆，如图 12-46 所示。

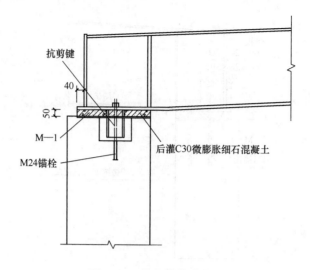

图 12-45 柱顶留抗剪键法

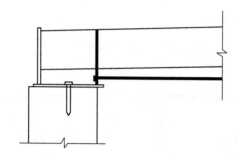

图 12-46 屋面下弦设置拉杆的做法

⑦进行混凝土柱加钢梁的设计时还需要注意以下几点:

a. 当采用上述⑥中的第二种方法时，计算中要注意修改滑动端柱的计算长度系数；

b. 在结构计算时，必须将屋脊抬高，即按实际坡度抬高，否则无法计算推力；

c. 屋面梁的截面按实际选择尺寸输入，不要假定为刚性杆输入；

d. 当实腹钢梁高度大于 900mm 时，建议在两端及屋脊处加屋面垂直支撑；

e. 当在屋面梁下悬挂电动葫芦或单梁悬挂吊车时，建议沿纵向加水平支撑；

f. 对于带有桥式吊车的厂房，一般不建议采用这种结构形式，最好选择梯形钢屋架。

参考文献

［1］中华人民共和国住房和城乡建设部．房屋建筑制图统一标准（GB/T 50001—2010）［S］．北京：中国计划出版社，2011．

［2］中华人民共和国住房和城乡建设部．总图制图标准（GB/T 50103—2010）［S］．北京：中国计划出版社，2011．

［3］中华人民共和国住房和城乡建设部．建筑制图标准（GB/T 50104—2010）［S］．北京：中国计划出版社，2011．

［4］中华人民共和国住房和城乡建设部．建筑结构制图标准（GB/T 50105—2010）［S］．北京：中国计划出版社，2011．

［5］中华人民共和国住房和城乡建设部．建筑地基基础设计规范（GB 50007—2011）［S］．北京：中国建筑工业出版社，2011．

［6］中华人民共和国住房和城乡建设部．建筑抗震设计规范（GB 50011—2010）［S］．北京：中国建筑工业出版社，2010．

［7］中华人民共和国住房和城乡建设部、中华人民共和国国家质量监督检验检疫总局．混凝土结构设计规范（GB 50010—2010）［S］北京：中国建筑工业出版社，2011．

［8］高远，张艳芳．建筑构造与识图［M］．北京：中国建筑工业出版社，2015．

［9］黄梅．建筑构造与识图［M］．哈尔滨：哈尔滨工业大学出版社，2012．

［10］李必瑜，王雪松．房屋建筑学．［M］武汉：武汉理工大学出版社，2014．

参考文献